操作系统研究

李玉萍　著

中国农业出版社

北　京

目　　录

第一章　操作系统概述

计算机科学与技术发展到今天，从个人计算机到大型计算机，无一例外地都配置了一种或多种操作系统。如果要让用户去使用一台没有操作系统的计算机，那将是难以想象的。那么，什么是操作系统（Operating System，OS）呢？本章主要介绍操作系统的概念，操作系统的形成与发展，操作系统的特征与功能，最后介绍几种现代主流操作系统。

通过本章的学习使学生了解操作系统的发展过程，熟悉操作系统的功能，掌握操作系统的概念和特征。

一、操作系统的概念

（一）计算机系统

一个完整的计算机系统，不论是大型机、小型机还是微型机，都由两大部分组成：计算机硬件和计算机软件（图1-1）。它们组成一个统一整体，各个组成部分相互联系、相互作用，共同完成所分配的各项工作。

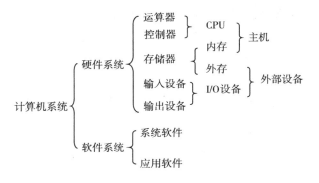

图1-1　计算机系统的组成

1. 计算机硬件

计算机硬件是指构成计算机系统所必须配置的各种设备，是"看得见，摸得着"的物理部件，它是组成计算机系统的物质基础。计算机硬件主要由运算器、控制器、存储器、输入设备和输出设备组成。

2. 计算机软件

计算机软件是指由计算机硬件执行以完成一定任务的程序及其数据。计算机软件分为系统软件和应用软件。计算机用户通过应用软件让计算机为自己服务，而应用软件通过系统软件来管理和使用计算机硬件。

系统软件是支持和管理计算机硬件的软件，是服务于硬件的，与具体的应用领域无关，它提供的是一个平台，如编译软件和操作系统等。应用软件是完成用户某项要求的软件，是服务于特定用户的，它满足某一个应用领域的要求。

计算机硬件和计算机软件在计算机系统中相辅相成、缺一不可，它们共同组成了计算机系统。计算机硬件是计算机的躯体和基础，计算机软件是计算机的头脑和灵魂，没有软件的计算机和缺少硬件的计算机都不能称为完整的计算机系统。

（二）什么是操作系统

计算机系统是由硬件和软件两部分构成的。操作系统属于软件中的系统软件，操作系统是紧挨着硬件的第一层软件，是对硬件功能的首次扩充，其他软件则建立在操作系统之上。通过操作系统对硬件功能进行扩充，并在操作系统的统一管理和支持下运行各种软件。操作系统与硬件和软件的关系如图 1-2 所示。

操作系统是运行在计算机上的最基本的程序。在操作系统的支持下，可以维持计算机上的所有组成部分，如键盘、显示器、内存、硬盘、CPU 及应用软件等共同工作；可以控制外围设备，如磁盘驱动器和打印机等。操作系统还提供了一个执行其他应用程序的软件平台，而不管其硬件情况。对于大型的分布式系统，操作系统可以控制同时运行的不同程序和用户。此外，操作系统可以通过各种方式支持计算机和网络的安全性。

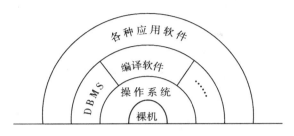

图 1-2　操作系统与硬软件的关系

因此，操作系统在计算机系统中占据着一个非常重要的地位，它不仅是硬件与所有其他软件之间的接口，而且任何数字电子计算机（从微处理器到巨型计算机）都必须在其硬件平台上加载操作系统之后，才能构成一个可以协调运转的计算机系统。只有在操作系统的指挥控制下，各种计算机资源才能被分配给用户使用。也只有在操作系统的支撑下，其他系统软件如各类编译系统、程序库、运行支持环境才得以取得运行条件。没有操作系统，任何应用软件都无法运行。可见，操作系统实际上是一个计算机系统中硬件、软件资源的总指挥部。操作系统的性能高低，决定了整体计算机的潜在硬件性能能否发挥出来。

从前面的介绍中我们了解了操作系统在计算机系统中的地位，它是计算机硬件和其他软件以及计算机用户之间的联系纽带，如果没有操作系统，用户几乎无法使用计算机。那么，什么是操作系统呢？不同计算机使用者的看法可能不同，下面我们从不同角度来讨论操作系统的概念。

1. 用户环境的角度

从用户的角度来看，操作系统是用户与计算机硬件系统之间的接口，用户通过操作系统使用计算机，即用户在操作系统的支持下，能够方便、快捷、安全、可靠地操纵计算机硬件资源，运行自己的程序。用户可通过以下三种方式使用计算机：其一，直接使用操作系统提供的键盘命令或 Shell 命令语言；其二，利用鼠标点击窗口中的图标，以执行相应的应用程序，如 Windows 操作系统的图形用户接口；其三，在应用程序中调用操作系统的内部功能模块，即系统调用接口。这些接口和各种应用程序为用户开发和运行应用软件提供了便利的环境和手段。

2. 资源管理的角度

把操作系统看作是系统资源的管理者，是目前关于操作系统描述的主要观点。现代计算机系统通常包括各种各样的资源，总体上可分为处理器、存储器、I/O设备和文件四类，因此，操作系统的功能就是负责对计算机的这些软件、硬件资源进行控制、调度、分配和回收，协调系统中各程序对资源使用请求的冲突，保证各程序都能顺利运行完成。

3. 虚拟机角度

通常把覆盖了软件的机器称为虚拟机。一台完全无软件的计算机称为"裸机"，即使其功能再强，也是难以使用的。从这一观点来看，操作系统为用户使用计算机提供了许多服务功能和良好的工作环境，用户不再直接使用"裸机"，而是通过操作系统来控制和使用计算机，从而把计算机扩充为功能更强、使用更加方便的虚拟计算机。

综上所述，我们把操作系统定义如下：操作系统是一组控制和管理计算机硬件和软件资源，合理地组织计算机工作流程，以及方便用户使用的程序的集合。

（三）操作系统的目标

目前，操作系统的种类繁多，不同类型的操作系统其实现目标也不尽相同，但是，要设计和编制一个操作系统，必须实现以下目标：

1. 方便性

操作系统最终是要为用户服务的，所以设计操作系统时必须考虑用户能否方便地操作计算机。用户的操作包括直接使用计算机完成各种命令，也包括通过设计程序让计算机完成各种任务。

2. 有效性

在未配置操作系统的计算机系统中，诸如CPU、I/O设备等各类资源，都会经常处于空闲状态而得不到充分利用；内存及外存中所存放的数据由于无序而浪费了存储空间。配置了操作系统后，可使CPU和I/O设备由于能保持忙碌状态而得到更为有效的利用、且由于使内存和外存中存放的数据有序而节省了存储空间。此外，操作系统要合理地组织计算机的工作流程，提高系统资源的利用率，增加系统的吞吐量，从而使有限的资源完成更多的任务。

3. 可扩充性

随着计算机技术的迅速发展，计算机硬件和体系结构也随之得到迅速发展，它们对操作系统提出了更高的功能和性能要求。因此，操作系统必须具有很好的可扩充性才能适应发展的要求。这就是说，在设计操作系统的体系结构时，要采用合理的结构使其能够不断地扩充和完善。

4. 开放性

操作系统的主要功能是管理计算机硬件，它必须适应和管理不同的硬件。随着计算机硬件技术的发展，不同厂家的新型的、集成化的硬件不断涌现出来。为了使这些硬件产品能够正确、有效地协同工作，必须实现应用程序的可移植性和互操作性，因而要求计算机系统具有统一的开放环境，首先是要求操作系统具有开放性。

二、操作系统的形成与发展

操作系统是由于客观的需要而产生的，它伴随着计算机技术本身及其应用的日益发展而逐渐发展和不断完善。它的功能由弱到强，在计算机系统中的地位不断提高。至今，它已成为计算机系统中的核心，没有计算机系统是不配置操作系统的。

（一）推动操作系统发展的动力

操作系统的形成迄今已有 50 多年的时间。在 20 世纪 50 年代中期出现了第一个简单的批处理操作系统。到 20 世纪 60 年代中期产生了多道程序批处理系统，不久又出现了基于多道程序的分时系统。20 世纪 70 年代出现了微机和局域网络，同时也产生了微机操作系统和网络操作系统，之后又出现了分布式操作系统。在这短短的 50 多年中，操作系统取得如此巨大的进展，其主要动力可以归结为以下 4 个方面。

1. 不断提高计算机资源利用率的需要

在计算机发展的初期，计算机系统特别昂贵，人们必须千方百计地提高计算机系统中各种资源的利用率，这就推动了人们不断发展操作系统的功能，由此产生了批处理系统。它能自动地对一批作业进行处理。

2. 方便用户操作

当资源利用率不高的问题得到基本解决后，用户在上机操作、调试程序时的不方便就成为主要矛盾。于是，人们就想方设法改善用户的上机和调试程序的条件，这又成为继续推动操作系统发展的主要因素，随之形成了允许人机交互的分时系统，或称为多用户系统。

3. 硬件的不断更新换代

计算机硬件在不断更新，从电子管到晶体管，到集成电路，再到大规模集成电路，计算机的性能不断提高，推动了操作系统的性能和功能的不断改进和完善。

4. 计算机体系结构的不断发展

计算机体系结构的发展也不断地推动着操作系统的发展，并产生了新的操作系统。例如，当计算机由单处理器系统发展为多处理器系统时，操作系统也从单处理器操作系统发展为多处理器操作系统。又如，当计算机网络出现后，也就产生了网络操作系统。

（二）操作系统的形成

操作系统从无到有，从小到大，从弱到强，其发展大致经历了以下几个阶段。

1. 无操作系统

无操作系统的计算机系统，其资源管理和控制由人工负责，它采用两种方式：人工操作方式和脱机输入输出方式。

（1）人工操作方式

从第一台电子计算机 ENIAC 诞生到 20 世纪 50 年代中期的计算机都没有出现操作系统，这时计算机资源的管理是由操作员采用人工方式直接控制的。用户既是程序员又是操作员。上机完全是手工操作：程序员先将事先已穿孔（对应于程序和数据）的纸带（或卡片）装入纸带输入机（或卡片输入机），然后启动输入机将程序和数据输入到计算机中，接着启动计算机运行。当程序运行完毕，用户卸下并取走纸带（或卡片）后，才让下一个用户上机。

这种人工操作方式的特点是：

- 用户独占全机。一台计算机的全部资源只能由一个用户独占。
- CPU 等待人工操作。当用户进行装带（卡）、卸带（卡）等人工操作时，CPU 是空闲的。

人工操作方式严重降低了计算机资源的利用率，此即为所谓的人机矛盾。随着计算机 CPU 速度的提高，人工操作的低速率与计算机主机运行的快速运算之间速度不匹配的矛盾日趋严重。为了解决上述矛盾，引入了脱机输入输出方式。

（2）脱机输入输出方式

为了解决 CPU 和 I/O 设备之间速度不匹配的矛盾，50 年代末出现了脱机输入输出技术。

脱机输入输出技术是指事先将装有用户程序和数据的纸带（或卡片）装入纸带（或卡片）输入机，在一台外围机的控制下把纸带（卡片）上的数据（程序）输入到磁盘（带）上。当计算机主机需要这些程序和数据时，再从磁盘（带）上高速地调入主存。类似地，当计算机主机需要输出时，可由计算机主机直接高速地把数据从内存送到磁盘（带）上，然后再在另一台外围机的控制下，将磁盘（带）上的结果通过相应的输出设备输出。

简单地说，脱机输入输出方式是指程序和数据的输入输出是在外围机的控制下，而不是在主机的控制下完成的。

脱机输入输出技术减少了计算机主机的空闲等待时间，提高了 I/O 设备的处理速度。如果输入输出是在主机的控制下完成的则称为联机输入输出。

2. 批处理系统

批处理系统主要采用了批处理技术。批处理技术是计算机系统对一批作业自动进行处理的一种技术。批处理系统有单道批处理系统和多道批处理系统两种形式。

（1）单道批处理系统

单道批处理系统是 20 世纪 50 年代 General Motors 研究室在 IBM701 计算机上实现的第一个操作系统。如果把用户在一次解题或一个事务处理过程中要求计算机系统所做的工作的集合称为作业的话，通常是把一批作业以脱机输入方式输入到磁盘（带）上，并在系统中配上监督程序，在监督程序的控制下使这批作业能一个接一个地连续处理。

自动批处理过程是：由监督程序将磁盘（带）上的第一个作业调入主存，并把运行控制权交给该作业；该作业处理完后，又将控制权交给监督程序；监督程序再将磁盘（带）上的第二个作业调入主存，并把运行控制权交给该作业；如此反复，直到磁盘（带）上的所有作业全部完成。

由于系统对作业的处理都是成批地进行，且在内存中始终只保持一道作业，故称单道批处理系统。图 1-3 给出了单道程序运行的工作情况。

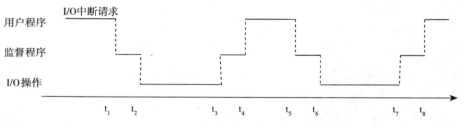

图 1-3　单道程序运行情况

单道批处理系统的特点是：

● 自动性。磁盘（带）上的一批作业能自动地逐个作业依次执行，而无需人工干预。

● 顺序性。磁盘（带）上的作业是顺序地进入内存的，先调入内存的作业先完成。

● 单道性。内存中仅有一个程序并使之运行。

单道批处理系统大大减少了人工操作的时间，提高了机器的利用率。但是，在单道批处理作业运行时，主存中仅存放了一道程序，每当程序发出 I/O 请求时，CPU 便处于等待 I/O 完成状态，致使 CPU 空闲，特别是 I/O 设备的低速性，使 CPU 的利用率降低。

（2）多道批处理系统

多道批处理系统是在 20 世纪 60 年代设计的。为了改善 CPU 的利用率，提高机器的使用效率，在单道批处理系统中引入了多道程序设计技术，形成了多道批处理系统，它使 CPU 与外围设备可以并行工作。多道程序设计技术是指同时把多个作业放入内存并允许它们交替执行，共享系统中的各类资源，当某个程序因某种原因而暂停执行时，CPU 立即转去执行另一道程序。图 1-4 给出了四道程序运行的工作情况。

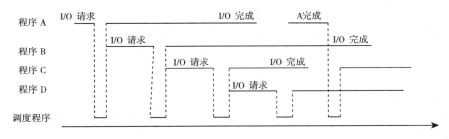

图 1-4　四道程序运行情况

多道批处理系统的特点是：

• 多道性。在内存中可以同时驻留多道程序，并允许它们并发执行，从而有效地提高了资源的利用率和系统的吞吐量。

• 无序性。多个作业完成的先后顺序与它们进入内存的先后顺序没有严格的对应关系，即先进入内存的作业不一定先完成，后进入内存的作业不一定最后完成。

• 调度性。作业从提交给系统开始直至完成，需要经过两次调度：

一是作业调度，它是按照一定的作业调度算法，从外存的后备作业队列中选择若干个作业调入内存。

二是进程调度，它是按照一定的进程调度算法，从内存已有的作业中选择一个作业，将处理器分配给该作业，使之运行。

多道批处理系统的优点：

①资源利用率高。由于在内存中装入了多道程序，它们共享资源，使资源尽可能处于忙碌状态，从而提高了资源的利用率。

②系统吞吐量大。系统吞吐量是指系统在单位时间内所完成的工作总量。能提高系统吞吐量的原因可归结为：第一，CPU 和其他资源保持"忙碌"状态；第二，仅当作业完成时或运行不下去时才进行切换，系统开销小。

多道批处理系统的不足：

①平均周转时间长。作业的平均周转时间是指从作业装入系统开始，到完成并退出系统所经过的时间。在批处理系统中，由于作业要排队，要经过两次调度依次进行处理，因而作业的周转时间长。

②无交互能力。用户一旦把作业提交给系统后，直至作业完成，用户都不能与自己的作业进行交互，这对修改和调试程序都是极不方便的。

3. 分时操作系统

（1）分时系统的产生

如果说推动多道批处理系统形成和发展的主要动力是提高资源利用率和系统吞吐量，那么，推动分时系统形成和发展的主要动力则是用户的需要。具体地说，用户的需要表现在以下几个方面：

①人机交互。对于一个程序员来说，他希望能方便地上机调试、控制、修改程序。

②共享主机。在 20 世纪 60 年代，计算机十分昂贵，只能多个用户共享一台计算机，用户希望在使用计算机时能够像自己独占计算机一样，不仅可以随时与计算机交互，而且感觉不到其他用户在使用该计算机。

③便于用户上机。用户希望能通过自己的终端直接将作业传送到机器上进行处理，并能对自己的作业进行控制。

分时系统恰是为了满足上述的用户需要所形成的一种新型操作系统。它与多道批处理系统有着截然不同的性能。由以上描述不难得知，分时系统是指一台主机上连接了多个带有显示器和键盘的终端，同时允许多个用户以分时方式共享主机中的资源，每个用户都可以通过自己的终端以交互的方式使用计算机（图 1-5）。

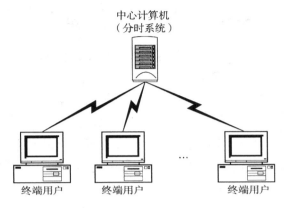

图 1-5　分时系统

　　所谓分时技术就是把处理器的运行时间划分成很短的时间片，根据时间片轮流把处理器分配给各联机作业使用。若某个作业在分配给它的时间片内不能完成其计算，则该作业被暂时中断，把处理器让给下一个作业使用，被中断的作业等待下一次轮到自己时再继续运行。由于计算机的速度很快，作业运行轮转得也很快，这样给每个用户的感觉就像是自己独占了一台计算机一样。

　　（2）分时系统实现的关键

　　①及时接收。要及时接收用户键入的命令或数据并不困难，只需在系统中配置一个多路卡。此外，还需为每个终端配置一个缓冲区，用来暂存用户键入的命令。

　　②及时处理。人机交互的关键是使用户键入自己的命令后，能及时地控制或修改自己的作业。为此，要让所有的用户作业直接进入主存，在不长的时间内（如 3 秒）使每个作业运行一次，从而使用户的作业得到及时处理。

　　（3）分时系统的特征

　　分时系统的特征有多路性、独立性、及时性和交互性。

　　● 多路性。允许在一台主机上同时连接多台终端，系统按分时原则为每个用户服务。宏观上，是多个用户同时工作，共享系统资源；微观上，则是每个用户轮流占用一个时间片。多路性也称同时性，它提高了资源的利用率，从而促使计算机更广泛地应用。

• 独立性。每个用户占用一个终端，彼此独立操作、互不影响。因此，每个用户会感觉到自己独自占用了主机。

• 及时性。用户的请求能在很短的时间内获得响应，此时的时间间隔是根据人们能接受的等待时间来确定的，通常为 2～3 秒。

• 交互性。用户可以通过终端与系统进行广泛的对话。其广泛性表现在：用户可以请求系统提供各方面的服务，如文件编辑、数据处理和资源共享等。

4. 实时系统

多道批处理系统和分时系统使资源的利用率得以提高，系统的响应时间缩短，从而使计算机的应用范围日益扩大。但在实时控制和实时信息处理中，要求系统的响应时间更短，这就产生了实时系统。

（1）实时系统的概念

实时系统是指系统能及时响应外部事件的请求，在规定的时间内，完成对该事件的处理，并控制所有实时任务协调一致地运行。

（2）实时系统的类型

根据控制对象的不同，实时系统分为实时控制系统和实时信息处理系统。

①实时控制系统。实时控制系统是指以计算机为中心的生产过程控制系统和武器控制系统，又称为计算机控制系统。系统要求能及时采集现场数据，并对采集的数据进行及时处理，进而自动控制相应的执行机构，使某些参数能按预定的规律变化，以保证产品的质量和提高产量。通常用于工业控制、军事控制等领域。如飞机自动驾驶系统，火箭飞行控制系统，导弹制导系统等。

②实时信息处理系统。实时信息处理系统是指对信息进行实时处理的系统。在该系统中，计算机能及时接收从远程终端发来的服务请求，根据用户提出的问题对信息进行检索和处理，并在很短的时间内向用户做出正确应答。典型的实时信息处理系统有机票订购系统、情报检索系

统等。

（3）实时系统的特征

实时系统的特征有多路性、独立性、及时性、交互性和可靠性。

• 多路性。是指系统能对多个现场进行数据采集，并对多个对象或多个执行机构进行控制。

• 独立性。是指信息的采集和对象的控制操作互不干扰。

• 及时性。是以控制对象所要求的开始时间和截止时间来确定的，高于分时系统，一般为秒级、毫秒级，甚至微秒级。

• 交互性。是指用户可访问系统中某些特定的专用服务程序，其交互性弱于分时系统。

• 可靠性。是指采用多级容错技术来保证系统的安全性和数据的安全性。其可靠性高于分时系统。

（4）实时系统与分时系统的主要区别

①系统的设计目标不同。分时系统的设计目标是提供一种随时可供多个用户使用的通用性很强的系统；而实时系统则大多数都是具有某种特殊用途的专用系统。

②响应时间的长短不同。分时系统的响应时间通常为秒级；而实时系统的响应时间通常为毫秒级，甚至微秒级。

③交互性的强弱不同。分时系统的交互性强，而实时系统的交互性相对较弱。

批处理系统、分时系统和实时系统是 3 种基本的操作系统类型。而一个实际的操作系统可能兼有三者或其中两者的功能，则称该操作系统为通用操作系统。

（三）操作系统的进一步发展

1. 微机操作系统

微机操作系统是指配置在微机上的操作系统。最早出现的微机操作系统是 8 位微机上的 CP/M 操作系统。微机操作系统可分为单用户单任务操作系统、单用户多任务操作系统和多用户多任务操作系统。

（1）单用户单任务操作系统

单用户单任务操作系统是指只允许一个用户上机，且只允许用户程序作为一个任务运行。这是一种最简单的微机操作系统，主要配置在 8 位微机和 16 位微机上。具有代表性的单用户单任务操作系统是 CP/M 和 DOS。

①CP/M。CP/M 是 Control Program Monitor 的缩写，它是 Digital Reserch 公司于 1975 年推出的 8 位微机操作系统。它具有较好的层次结构、可适应性、可移植性和易学易用性。它在 8 位微机中占据了统治地位，成为 8 位微机操作系统的标准。

②DOS。DOS 是 Disk Operating System 的缩写，它是微软公司于 1981 年推出的 16 位机操作系统。它在 CP/M 系统上进行了较大的扩充，增加了许多内部命令和外部命令。该操作系统具有较强的功能和性能优良的文件系统，占据了 16 位微机操作系统的统治地位，成为 16 位微机操作系统的标准。

（2）单用户多任务操作系统

单用户多任务操作系统是指只允许一个用户上机，但允许一个用户程序分为多个任务并发执行，从而有效地改善系统的性能。它主要配置在 32 位微机上，最具代表性的单用户多任务操作系统是 OS/2 和 Windows。

①OS/2。OS/2 是 IBM 公司于 1987 年推出的 16/32 位机操作系统。

②Windows。Windows 是微软公司于 1990 年推出的 32 位机操作系统。它具有易学易用、用户界面友好、多任务控制等特点。特别是 Windows 95 版本和 Windows NT 版本的出现，使之很快地流行起来，成为微机的主流操作系统。并使 Windows 走向多用户操作系统。

（3）多用户多任务操作系统

多用户多任务操作系统是指允许多个用户通过各自的终端使用同一台主机，共享主机系统中的各类资源，而每个用户程序又可分为多个任务并发执行，从而提高资源的利用率和增加系统的吞吐量。它主要配置在大、中、小型计算机上，具有代表性的是 UNIX。

UNIX 是 Uniplexed Information and Computer Systems 的缩写，它是美国电报电话公司的 Bell 实验室于 1976 年推出的操作系统，可在微机、

小型机和大型机上运行。

2. 多处理器操作系统

为了增加系统的吞吐量，节省投资，提高系统的可靠性，在 20 世纪 70 年代出现了多处理器系统（MPS，Multi‐Processor System），试图从计算机体系结构上来改善系统的性能。

（1）多处理器操作系统的概念

在多处理器系统上配置的操作系统称为多处理器操作系统。

（2）多处理器操作系统的类型

根据多个处理器之间耦合的紧密程度，把多处理器系统分为紧密耦合 MPS 和松散耦合 MPS 两种类型。紧密耦合 MPS 是通过高速总线或高速交叉开关来实现多个处理器之间的互联，它们共享主存和 I/O 设备，系统中的所有资源都由操作系统实施统一的控制和管理。松散耦合 MPS 是通过通道或通信线路来实现多个计算机之间的互联，每台计算机都有各自的存储器和 I/O 设备，并配置了操作系统来管理本地资源和在本地运行的进程。多处理器操作系统可以分为非对称多处理器模式和对称多处理器模式两种。

①非对称多处理器模式。也称为主从模式，在这种模式中，把处理器分为主处理器和从处理器两类。主处理器只有一个，其上配置了操作系统，用于管理整个系统的资源，并负责为各从处理器分配任务。从处理器有若干个，它们执行预先规定的任务及由主处理器所分配的任务。这种模式易于实现，但资源利用率低，在早期的特大型系统中，较多地采用了这种模式。

②对称多处理器模式。在这种模式中，所有处理器的地位都是相同的。在每个处理器上运行一个相同的操作系统拷贝，用它来管理本地资源，并控制进程的运行以及各计算机之间的通信。这种模式允许多个进程同时运行，但必须谨慎控制 I/O 设备，以保证能将数据送至适当的处理器，同时还必须使各处理器的负载平衡，以免有的处理器超载运行，而有的处理器空闲无事。

3. 网络操作系统

信息时代离不开计算机网络，特别是 Internet 的广泛应用正在改变着人们的观念和社会生活的方方面面。每天有成千上万人通过网络传递邮件、查阅资料、搜寻信息，以及网上订票、网上购物等。单台计算机的资源毕竟有限，为了实现计算机之间的数据通信和资源共享出现了计算机网络。

计算机网络是指通过通信线路和通信的控制设备，将相互独立的计算机系统连成一个整体，在网络软件的控制下，实现信息传递和资源共享的系统。所谓独立的计算机系统是指计算机具有独立处理能力；网络软件主要是指网络操作系统和网络应用软件。

（1）网络操作系统的模式

网络操作系统的模式有客户机/服务器模式（C/S）和对等模式两种。

①客户机/服务器模式（C/S）。这种模式是 20 世纪 80 年代发展起来的，是目前仍广为流行的网络工作模式。网络中有两种站点：服务器和客户机。服务器是网络的控制中心，它向客户机提供一种或多种服务。客户机是用于本地的处理和访问服务器的站点。C/S 模式具有分布处理和集中控制的特征。

②对等模式。在对等模式中，各站点的关系是对等的，既可以作为客户机访问其他站点，又可以作为服务器向其他站点提供服务。该模式具有分布处理和分布控制的特征。

（2）网络操作系统的功能

网络操作系统具有下述 5 方面的功能：

①网络通信。这是网络最基本的功能，其任务是在源主机和目标主机之间实现无差错的数据传输。

②资源管理。对网络中的共享资源（硬件和软件）实施有效的管理、协调诸用户对共享资源的使用、保证数据的安全性和一致性。

③网络服务。这是在前两个功能的基础上，为了方便用户而又直接向用户提供的多种有效服务。主要的网络服务有：电子邮件服务，文件传输、存取和管理服务，共享硬盘服务，共享打印服务。

④网络管理。网络管理最基本的任务是安全管理。通过"存取控制"来确保存取数据的安全性；通过"容错技术"来保证系统故障时数据的安全性。

⑤互操作能力。所谓互操作，是指在客户机/服务器模式的 LAN 环境下，连接在服务器上的多种客户机和主机不仅能与服务器通信，而且还能以透明的方式访问服务器上的文件系统；而在互联网络环境下的互操作是指不同网络间的客户机不仅能通信，而且也能以透明方式访问其他网络中的文件服务器。

4. 分布式操作系统

（1）分布式操作系统的概念

在以往的计算机系统中，其处理和控制功能都高度地集中在一台主机上，所有的任务都由主机处理，这样的系统称为集中式处理系统。

分布式系统则是系统的处理和控制功能都分散在系统的各个处理单元上。系统中的所有任务也可动态地分配到各个处理单元上去，并使它们并行执行，实现分布处理。

所谓分布式处理系统是指由多个分散的处理单元经网络连接而形成的系统。在分布式系统上配置的操作系统称为分布式操作系统。

（2）分布式操作系统的特点

分布式操作系统具有以下特点：

● 分布性。分布式操作系统不是集中地驻留在某一个站点上的，而是均匀地分布在各个站点上，它的处理和控制是分布式的。

● 并行性。分布式操作系统的任务分配程序将多个任务分配到多个处理单元上，使这些任务并行执行，从而提高了任务执行的速度。

● 透明性。它可以很好地隐藏系统内部的实现细节，而对象的位置、并发控制、系统故障等对用户是透明的。

● 共享性。分布在各个站点上的软件、硬件资源，可供全系统中的所有用户共享，并以透明的方式访问它们。

● 健壮性。任何站点上的故障都不会给系统造成太大的影响；当某一设备出现故障时，可通过容错技术实现系统重构，从而保证系统的正常运行。

（3）分布式操作系统与网络操作系统的区别

分布式操作系统与网络操作系统的主要区别：

①能否适用不同的操作系统。网络操作系统可以构架于不同的操作系

统之上，也就是说，它可以在不同的本机操作系统上，通过网络协议实现网络资源的统一配置，在大范围内构成网络操作系统；而分布式操作系统是由一种操作系统构架的。

②对资源的访问方式不同。网络操作系统在访问系统资源时，需要指明资源的位置和类型，对本地资源和异地资源的访问要区别对待；而分布式操作系统对所有资源，包括本地资源和异地资源，都用同一方式进行管理和访问，用户不必关心资源在哪里，或资源是怎样存储的。

5. 嵌入式操作系统

在机器人、掌上电脑、车载系统、智能家用电器、手机等设备上，通常会嵌入安装各种微处理器或微控制芯片。嵌入式操作系统就是运行在嵌入式智能芯片环境中，对整个智能芯片以及它所操作、控制的各种部件装置等资源进行统一协调、调度、指挥和控制的系统软件。

与一般操作系统相比，嵌入式操作系统具有微小、实时、专业、可靠、易裁剪、应用领域差别大的特点。代表性的嵌入式操作系统有 Symbian、WinCE、Linux、Palm OS、VxWorks 等。

三、操作系统的特征与功能

（一）操作系统的特征

不同操作系统的特征各不相同。批处理操作系统主要突出成批处理的特点，分时操作系统主要突出交互的特点，实时操作系统主要突出实时的特点。但这几种操作系统都具有以下基本特征。

1. 并发性

并发性是指两个或多个事件在同一时间间隔内发生。在多道程序环境下，并发性是指宏观上在一段时间内有多道程序同时运行，但在单处理器系统中，每一个时刻仅能执行一道程序，故微观上这些程序是交替执行的。

并行性和并发性是既相似又有区别的两个概念。并行性是指两个或多个事件在同一个时刻发生。并行的若干事件是并发的，反之，则不一定。

并发的目的是改善系统的利用率和提高系统的吞吐量。

2. 共享性

共享性是指系统中的资源可供多个并发执行的进程使用。根据资源的属性，把共享分为互斥共享和同时共享两种方式。

①互斥共享。是指系统中的资源，如打印机、扫描仪等，虽然它们可供多个进程使用，但在一段时间内只允许一个进程访问该资源。当这个资源正在被使用时，其他请求该资源的进程必须等待，仅当该进程访问完并释放该资源后，才允许另一进程对该资源进行访问。

②同时共享。是指允许在一段时间内有多个进程同时对系统中某些资源（如磁盘）进行访问。

这里提到的进程，是指程序的一次执行，是程序在一个数据集合上运行的过程，是系统进行资源分配和调度的一个独立单位。本书将在第二章详细介绍。

并发行和共享性是操作系统的两个最基本特征，它们互为存在条件。一方面，资源共享是以程序（进程）的并发执行为存在条件，若系统不允许并发执行，自然不存在资源共享问题。另一方面，若系统不能对资源共享实施有效管理，将影响程序的并发执行，甚至无法执行。

3. 虚拟性

虚拟性是指通过某种技术把一个物理实体变成若干个逻辑实体。即物理上虽然只有一个实体，但用户使用时感觉有多个实体可供使用。

例如通过多道程序设计技术，可以实现处理器的虚拟；通过请求调进/调出技术，可以实现存储器的虚拟；通过 SPOOLing 技术，可以实现设备的虚拟。

在操作系统中虚拟的实现，主要是通过分使用的方法。显然，如果 n 是某一物理设备所对应的虚拟的逻辑设备数，则虚拟设备的速度必然是物理设备速度的 $1/n$。

4. 异步性

异步性也称为不确定性。是指在多道程序环境下，允许多个进程并发执行，由于资源的限制，进程的执行不是"一气呵成"的，是"走走停停"的，使得多个程序的运行顺序和每个程序的运行时间是不确定的，具体说，各个程序什么时候得以运行、在执行过程中是否被其他事情打断暂停执行、向前推进的速度是快还是慢等都是不可预知的，这由程序执行时的现场所决定。但只要环境相同，一个作业经过多次运行，都会得到相同的结果。

（二）操作系统的功能

操作系统作为计算机系统的资源管理者，其主要任务是对系统中的硬件、软件实施有效的管理，以提高系统资源的利用率。计算机硬件资源主要是指处理器、存储器和外围设备；软件资源主要是指信息（文件系统）。因此，操作系统的主要功能相应地就有处理器管理、存储器管理、设备管理和文件管理。此外，为了方便用户使用操作系统，还需向用户提供一个方便使用的用户接口。

1. 处理器管理

CPU是计算机系统中最宝贵的硬资源。在多道程序环境下，要组织多个作业同时运行，就要解决处理器的管理问题。

处理器管理的主要任务是对处理器进行分配，并对其运行进行有效的控制和管理。在多道程序环境下，处理器的分配和运行都以进程为基本单位，因而对处理器的管理可归结为对进程的管理。

处理器主要功能包括进程控制、进程同步、进程通信、进程调度。

2. 存储器管理

存储器可分为内存和外存两类，存储器管理主要是指对内存的管理。

存储器管理的主要任务是为多道程序的运行提供良好的环境，方便用户使用存储器，提高存储器的利用率，并能从逻辑上扩充内存。

存储器管理的主要功能有内存分配、内存保护、地址映射和内存扩充。

3. 设备管理

设备管理是对除了CPU和内存以外的所有计算机硬件资源的管理。

设备管理的主要任务是完成用户提出的I/O请求，为用户分配I/O设备，提高CPU与I/O设备的利用率，提高I/O设备的运行速度，方便用户使用I/O设备。

设备管理的主要功能有缓冲管理、设备分配、设备处理、设备独立性和虚拟设备。

4. 文件管理

在现代计算机系统中，总是把程序和数据以文件的形式存储在磁盘上，供所有的或指定的用户使用。为此，在操作系统中必须配置文件管理机构。

文件管理的主要任务是对用户文件和系统文件进行管理，方便用户使用，并保证文件的安全性。

文件管理的主要功能有文件存储空间管理、目录管理、文件读写管理和存取控制。

5. 用户接口

为了方便用户使用操作系统，操作系统又向用户提供了"用户与操作系统的接口"。任何软件都需要提供给用户易用和美观的使用界面，即与用户之间的接口，或称用户接口，操作系统也不例外。在以往的操作系统中，用户接口通常仅有命令和系统调用两种形式，前者供用户在终端键盘上使用，后者供用户在编写程序时使用。而现代操作系统除了向用户提供上述两种接口外，还提供图形接口。

（1）命令接口

为了便于用户直接或间接地控制自己的作业，操作系统向用户提供了命令接口。用户可以通过命令接口向系统发出字符命令，及时与自己的作业交互，控制作业的运行。该接口又可进一步分为联机接口命令和脱机接口命令两种。

①联机命令接口。这是最常用的一种用户接口。该接口是为联机用户提供的，它由一组键盘命令和命令解释程序组成。每当用户在终端或控制台键盘上输入一条命令，系统便立即转入相应的命令解释程序，对该命令进行解释并执行。命令完成后又返回到终端或控制台上，等待用户输入下一条命令。

②脱机命令接口。该接口是为批处理作业的用户提供的，故也称为批处理用户接口。它由一组作业控制语言 JCL 组成。批处理系统的用户在

向系统提交作业时，必须用作业控制语言把对作业进行的控制和干预事先写在作业说明书上，然后将作、止连同说明书一起提交给系统。

（2）程序接口

程序接口由一组系统调用命令组成，用户通过在程序中使用这些系统调用命令来请求操作系统提供服务。

①系统调用的概念。系统调用是操作系统提供给用户程序使用的具有一定功能的程序段。具体地讲，系统调用就是通过系统调用命令中断现行程序，而转去执行相应的子程序，以完成特定的系统功能。完成后，控制又返回到发出系统调用命令之后的下一条指令，被中断的程序将继续执行下去。

不同操作系统的系统调用命令的条数、格式和执行功能也不相同。系统调用命令扩充了机器指令，增强了系统的功能，方便了用户的使用。系统调用命令也称为广义指令。

系统调用的类型按功能大致分为设备管理、文件管理、进程管理、进程通信、存储管理几大类。

②系统调用的实现。在操作系统的内核中设置了一组专门用于实现各种系统功能的子程序，并将它们提供给用户程序调用。当用户在程序中需要这些功能时，便可以用一条系统调用命令，去调用程序所需要的系统功能。所以，系统调用在本质上是一种过程调用。

（3）图形接口

用户虽然可以通过联机用户接口来取得操作系统的服务，并控制自己的应用程序运行，但要求用户能熟记各种命令的名字和格式，并严格按照规定的格式输入命令，这既不方便又花时间。于是，图形用户接口应运而生。

近十年来软件界面越来越讲究易用性和美观性，操作系统传统的字符形命令接口也逐渐换成了图形用户接口。图形接口采用图形化的操作界面，用非常容易识别的图标将系统的各种命令直观、逼真地表示出来。用户可通过鼠标、菜单和对话框来完成对应用程序和文件的操作。这样，用户就不需要记忆那些操作系统命令以及调用它们的格式，达到了易用的效果，深受初学者的喜爱，但这是以牺牲系统资源和性能为代价的。

20 世纪 90 年代后推出的操作系统一般都采用图形用户接口，如我们熟知的 Windows 系列操作系统等。

四、常见操作系统简介

在计算机的发展过程中，出现过许多不同的操作系统，其中最为常用的有：DOS、Unix/Xenix、Linux、Windows、Mac OS、Netware、MINIX 等。本节主要介绍常见操作系统的发展过程和功能特点。

（一）DOS 操作系统

DOS 是英文 Disk Operation System 的简称，中文名称为磁盘操作系统。

DOS 操作系统是 Tim Paterson 于 1980 年为 Seattle Computer Products 公司编写的 86 - DOS。1981 年 7 月，Microsoft 公司买下了 86 - DOS 的专利。也在这一年，IBM 公司首次推出了 IBM - PC 个人计算机，在微机上采用了 Microsoft 公司开发的 MS - DOS 1.0 操作系统。此后，DOS 不断改进，形成了许多版本。比较著名的有 1984 年 8 月推出的 MS - DOS 3.0 和 1995 年 4 月推出的 MS - DOS 6.22。后来的 Windows 操作系统中均带有新版的 DOS 系统作为底层。从 Windows 95 开始，DOS 不作为一个单独的产品，而是被包含在 Windows 中。DOS 最后一次更新附在 Windows ME 中，内含的 MS - DOS 8.0 版，此后停止了 DOS 的开发。

DOS 是一种单用户单任务的磁盘操作系统，它向用户提供的用户界面是命令行界面，用户用字符命令方式操作。DOS 实现的主要功能包括命令处理、文件管理、设备管理，后来又增加了存储器管理。

DOS 的主要优点是体积短小，运行效率高。DOS 的主要缺点是缺少对数据库、网络通信、多媒体的支持，操作不方便等。

（二）UNIX 操作系统

UNIX 操作系统于 1969 年在贝尔实验室诞生，最初是在中小型计算机上运用。它是一个由 C 语言编写的、多用户多任务操作系统。自诞生以来，它被移植到数十种硬件平台上，商业公司、大学、研究机构都以各种各样的形式对它进行开发。

最早移植到 80286 微机上的 UNIX 系统称为 Xenix。Xenix 系统的特点是短小精干，系统开销小，运行速度快。UNIX 为用户提供了一个分时的系统以控制计算机的活动和资源，并且提供一个交互、灵活的操作界面。UNIX 被设计成为能够同时运行多进程，支持用户之间共享数据。同时，UNIX 支持模块化结构，当你安装 UNIX 操作系统时，你只需要安装你工作需要的部分，例如：UNIX 支持许多编程开发工具，但是如果你并不从事开发工作，你只需要安装最少的编译器。用户界面同样支持模块化原则，互不相关的命令能够通过管道相连接用于执行非常复杂的操作。UNIX 有很多种，许多公司都有自己的版本，如 AT&T、Sun、HP 等。

UNIX 操作系统是一种多用户、多任务的通用操作系统，它为用户提供了一个交互、灵活的操作界面，支持用户之间共享数据，并提供众多的集成的工具以提高用户的工作效率，同时能够移植到不同的硬件平台。UNIX 操作系统的可靠性和稳定性是其他系统无法比拟的，是公认的最好的 Internet 服务器操作系统。从某种意义上讲，整个因特网的主干几乎都是建立在运行 UNIX 的众多机器和网络设备之上的。

UNIX 操作系统的特点：

- 支持多用户、多任务；
- 剥夺式动态优先 CPU 调度，支持分时操作；
- 请求分页式虚拟存储管理；
- 结构分为核心部分和应用子系统，便于做成开放系统；
- 具有分层可装卸文件系统，提供文件保护功能；
- 提供 I/O 缓冲技术，系统效率高；
- 具有强大的网络与通信功能。

（三）Linux 操作系统

Linux 最初由芬兰人 Linus Torvalds 开发，其源程序在 Internet 网上

公开发布，由此，引发了全球电脑爱好者的开发热情，许多人下载该源程序并按自己的意愿完善某一方面的功能，再发回网上，Linux 也因此被雕琢成为一个全球最稳定的、最有发展前景的操作系统。

Linux 是一套免费使用和自由传播的类似 UNIX 的操作系统，这个系统是由全世界各地的成千上万的程序员设计和实现的。用户不用支付任何费用就可以获得它和它的源代码，并且可以根据自己的需要对它进行必要的修改，无偿使用，无约束地继续传播。

Linux 以它的高效性和灵活性著称。它能够在 PC 计算机上实现全部的 UNIX 特性，具有多任务、多用户的能力。而且还包括了文本编辑器、高级语言编译器等应用软件。它还包括带有多个窗口管理器的 X-Windows 图形用户界面，如同我们使用 Windows NT 一样，允许我们使用窗口、图标和菜单对系统进行操作。它是一个功能强大、性能出众、稳定可靠的操作系统。

现在 Linux 在服务器市场上的发展势头比 Windows NT 更佳，尤其在因特网主机上，Linux 的份额已经逐渐超过 Windows NT。

Linux 操作系统的特点：

• 与 UNIX 兼容：符合 POSIX 标准，各种 UNIX 应用可方便地移植到 Linux 下；

• 自由软件、源代码公开：有利于发展各种特色的操作系统；

• 便于定制和再开发：在遵从 GPL 版权协议的条件下，可根据自己的需要进行裁剪，或再开发；

• 互操作性高：能够以不同的方式实现与非 Linux 系统的不同层次的互操作；

• 全面的多任务和真正的 32 位操作系统；

• 完善的图形整合界面：采用多个图形管理程序来改变不同的桌面图案或功能菜单；

• 出色的网络服务器功能：默认使用 TCP/IP 为网络通信协议，还自带了许多网络服务器软件；

• 友好的中文显示平台：可选择操作系统的内码为中文。

（四）Windows 操作系统

Windows 操作系统是当前个人计算机中应用最广泛，影响力最深远的一种操作系统。

从 1983 年美国微软公司宣布 Windows 的诞生到现在，Windows 操作系统经历了二十多年的发展历程，先后推出了若干个版本。

第二章　处理器管理

在计算机系统中，处理器是最重要的硬件资源，也是最紧俏的资源。因此，对处理器管理的好坏，将直接影响计算机的整体性能。

本章主要介绍处理器管理概述、进程的基本知识、进程状态、进程控制、进程通信、进程的同步机制、处理器调度、进程死锁、处理器管理的新技术。

通过本章的学习，使学生了解处理器管理的新技术，熟悉进程状态、进程通信和进程死锁。掌握进程控制、进程同步与互斥、进程调度。

一、处理器管理概述

处理器管理的主要任务是对处理器进行分配，并对其运行进行有效的控制和管理。本节主要介绍处理器管理的主要功能、程序的顺序执行和并发执行。

（一）处理器管理的功能

在现代操作系统中，处理器的分配和运行都是以进程为基本单位的，因而对处理器的管理也可以视为对进程的管理。进程是程序的一次执行过程。处理器管理包括以下功能。

1. 进程控制

在并发运行环境中，要使程序运行，必须先为它创建一个或几个进程，并给它分配必要的资源。程序运行结束时，要撤销这些进程，并回收这些进程所占用的各类资源。进程控制的主要任务就是为程序创建进程，撤销已结束的进程，以及控制进程在运行过程中的状态转换。

在操作系统中，通常是利用若干条进程控制原语或系统调用来实现进程的控制。所谓"原语"是指用以完成特定功能的、具有"原子性"的一个过程。"原子性"是指过程中的一组操作，要么都做，要么都不做，所执行的一系列操作是不可分割的，是不能被中断的。简单地说，原语就是不能被中断的操作。

2. 进程同步

在并发环境中，进程是以异步方式工作的，并且以不可预知的速度向前推进。为了使多个进程能有条不紊地运行，系统中必须设置进程同步机制。进程同步的主要任务是对众多的进程运行进行协调。协调方式有两种：

（1）进程互斥方式

进程在对临界资源访问时，应采用互斥方式，也就是当一个进程访问临界资源时，另一个要访问该临界资源的进程必须等待；当获取临界资源的进程释放临界资源后，其他进程才能获取临界资源。这种进程之间的相互制约关系称为互斥。临界资源是指一次只能被一个进程使用的资源。

（2）进程同步方式

相互合作的进程，由同步机构对它们的执行次序加以协调。也就是前一个进程结束，后一个进程才能开始；前一个进程没有结束，后一个进程就不能开始。这种进程之间的相互合作关系称为同步。

在系统中，进程的同步机制可以有多种实现方法，进程互斥最简单的实现方式就是设置锁，通过加锁、解锁实现互斥。实现进程同步常用的机制是信号量机制。

3. 进程通信

在系统中，经常会有多个进程需要相互配合去完成一个共同的任务，而在这些进程之间，往往需要相互交换信息。进程通信的任务就是用来实现相互合作进程之间的信息交换。

当相互合作的进程处于同一台计算机系统时，通常采用直接通信方式。由源进程利用发送命令直接将消息发送到目标进程的消息队列上，然后由目标进程利用接收命令从其消息队列中取出消息。

当相互合作的进程处于不同计算机系统时，通常采用间接通信方式。由源进程利用发送命令将信息发送到一个专门存放消息的中间实体中，然后由目标进程利用接收命令从中间实体中取出消息。这个中间实体通常称为"邮箱"，相应的通信系统称为电子邮件系统。

4. 处理器调度

一个批处理作业，从进入系统并驻留在外存的后备队列上开始，直至作业运行完毕，可能要经历下述三级调度。

（1）高级调度（High Level Scheduling）

它又称为作业调度或长程调度或宏观调度，它的功能是按照某种原则把外存上处于后备队列中的那些作业调入内存，并为它们创建进程、分配必要的资源，然后再将新创建的进程排在就绪队列上，准备执行。在批处理系统中有高级调度，而在分时系统中一般无高级调度。

（2）低级调度（Low Level Scheduling）

它通常又称为进程调度或短程调度或微观调度，它的功能是按照某种原则决定就绪队列中的哪个进程应获得处理机，再由分配程序执行处理机分配给该进程的具体动作。进程调度是操作系统中最基本的调度，在批处理系统和分时系统中都必须配置它。

（3）中级调度（Intermediate Level Scheduling）

中级调度又称为中程调度或交换调度。它负责内外存之间的进程对换，以解决内存紧张的问题，提高内存利用率和系统吞吐量。因此，它使

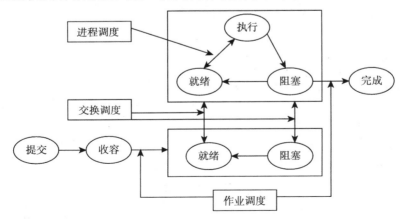

图 2-1　处理机的调度

那些暂时不能运行的进程不再占用宝贵的内存资源，而将它们调至外存上去等待；当这些进程重新具备运行条件，且内存稍有空闲时，由它来决定把外存上的那些又具备运行条件的就绪进程，重新调入内存准备运行。

上述三级调度的关系如图2-1所示。

（二）程序执行

程序执行是指程序在计算机中的运行过程。程序的执行可以用前趋图表示，程序的执行方式有顺序执行和并发执行两种方式。

1. 前趋图

前趋图是一个有向无循环图。图中的每个结点可用于表示一条语句、一个程序段等；结点间的有向边表示在两个结点之间存在的前趋关系。如$P_i \rightarrow P_j$，称P_i是P_j的前趋，而P_j是P_i的后继。在前趋图中，没有前趋的结点称为初始结点，没有后继的结点称为终止结点。应当注意的是，前趋图中不能存在循环。

在图2-2所示的前趋图中存在下述前趋关系：

$P_1 \rightarrow P_2$，$P_1 \rightarrow P_3$，$P_2 \rightarrow P_4$，$P_3 \rightarrow P_4$，$P_4 \rightarrow P_5$。

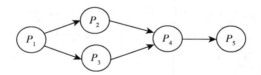

图2-2　具有5个结点的前趋图

注：前趋图的画法可以按照执行的顺序自左至右或自上而下画出。

2. 程序的顺序执行

（1）程序顺序执行的概念

一个较大的程序通常由若干个操作组成。程序在执行时，必须按照某种先后次序逐个执行操作，只有当前一个操作执行完后，才能执行后一个操作。例如：在进行计算时，总是先输入需要的数据，然后才能进行计算，计算完成后再将结果输出。

如果用 I 代表输入，C 代表计算，P 代表打印，则上述情况可用图 2-3 所示的前趋图表示。

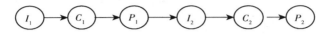

图 2-3　程序顺序执行时的前趋图

（2）程序顺序执行的特征

①顺序性。严格按照程序所规定的顺序执行。

②封闭性。程序在封闭的环境下执行。程序在运行时独占所有资源，其执行结果不受外界因素的影响。

③确定性。程序执行的结果与它的执行速度无关，程序无论是从头到尾不停地执行，还是"停停走走"地执行，都不会影响最终结果。

④可再现性。只要程序执行的环境和初始条件相同，程序无论重复执行多少次，按照何种方式执行，都将获得相同的结果。

3. 程序的并发执行

（1）程序并发执行的概念

如前所述，一个较大的程序包括若干个按照一定次序执行的组成部分。但是，在处理一批程序时，它们之间有时并不存在严格的执行次序，可以并发执行。如程序顺序执行中的示例，虽然在进行计算时，总是先输入需要的数据，然后才能进行计算，计算完成后再将结果输出，但是，完成第一次输入后，在对第一次输入进行计算的同时可以进行第二次输入，实现第一次计算与第二次输入的并发执行。同理，在进行第 $i+1$ 次输入时，可以进行第 i 次的计算，同时进行第 $i-1$ 次的输出。上述情况可用如图 2-4 所示的前趋图表示。

（2）程序并发执行的特征

程序的并发执行是指在一个时间段内执行多个程序。程序在并发执行时，虽然提高了系统的吞吐量，但是，也会产生一些与顺序执行时不同的特征。

①间断性。在程序并发执行时，由于它们之间共享资源或相互合作，

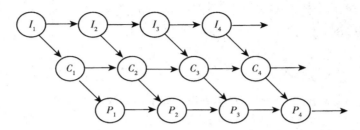

图 2-4　程序并发执行时的前趋图

致使它们之间形成了相互制约的关系，导致并发程序在执行中因为受到影响，表现为"执行—暂停执行—执行"的间断性活动规律。

②失去封闭性。程序并发执行时，多个程序共享系统中的各种资源，因而这些资源的状态将由多个程序来改变，致使程序的运行失去了封闭性。这样，程序在执行时，必然会受到其他程序的影响。

③不可再现性。由于程序执行时失去了封闭性，也将导致失去可再现性。即使并发程序执行的环境和初始条件相同，程序多次执行或以不同的方式执行，可能获得不相同的结果。

【例 2-1】程序 A 和程序 B 为并发执行，它们共享变量 K，假设 K 初值为 5；程序 A 执行 $K=K-1$；程序 B 执行 print K；$K=K+3$。程序 A 和程序 B 执行的顺序若不相同，K 的结果将产生不同的变化。

顺序 1：$K=K-1$；print　K；$K=K+3$。K 值依次为 4、4、7。

顺序 2：print　K；$K=K-1$；$K=K+3$。K 值依次为 5、4、7。

顺序 3：print　K；$K=K+3$；$K=K-1$。K 值依次为 5、7、6。

按照顺序 1 执行，K 的输出结果为 4；按照顺序 2 执行，K 的输出结果为 5；按照顺序 3 执行，K 的输出结果为 5。所以，当执行的条件不同时，并发程序有可能产生不同的执行顺序，也就会得到不同的执行结果。这样并发程序就形成了结果的不可再现性。

④资源共享性。系统中的硬件资源（CPU、内存和 I/O 设备等）和软件资源（系统程序和数据集等）不再被单个用户或程序独占，而是被多个用户或作业共同使用。

程序并发执行和资源共享之间互为存在条件：一方面，资源共享是以程序并发执行为条件的，因为若系统不允许程序并发，也就不存在资源共享问题；另一方面，若系统不能对共享资源实施有效的管理，也就必将影响程序的并发执行程度。

⑤程序和计算不再一一对应。前者是指令的有序集合，是静态的概念；"计算"是指令序列在处理器上的执行过程，和处理器按照程序的规定执行操作的过程，是动态的概念。程序在顺序执行时，程序与"计算"间有着一一对应的关系。在并发执行时，一个共享程序可为多个用户作业调用，而使该程序处于多个执行中，从而形成了多个"计算"。这就是说，一个共享程序可对应多个"计算"。因此，程序与"计算"已不再一一对应。例如在分时系统中，一个编译程序副本同时为几个用户作业编译时，该编译程序便对应了几个"计算"。

引入并发的目的是为了提高资源利用率，从而提高系统效率。程序并发执行，虽然能有效地提高资源利用率和系统的吞吐量，但必须采用某种措施以使并发程序能保持其"可再现性"。

二、进程的描述

程序并发执行时产生了一些新的特征，用原有的程序概念不能很好地解释程序执行过程中的很多现象。例如，程序暂停执行时，程序的现场保护；程序恢复运行时继续执行的说明。为了使程序能够并发执行，并能够对并发执行的程序加以控制和描述，引入了进程。本节主要介绍进程的概念与特征、进程的状态及状态间的转换、进程的挂起状态。

（一）进程的概念

1. 进程的定义

"进程"这一术语在 20 世纪 60 年代初期，首先出现在麻省理工学院的 MULTICS 系统和 IBM 公司的 CTSS/360 系统中。其后，人们对它不断加以改进，从不同的方面对它进行描述。关于进程的定义有以下一些描述：进程是程序的一次执行；进程可以定义为一个数据结构及能在其上进行操作的一个程序；进程是程序在一个数据集合上的运行过程，是系统资源分配和调度的一个独立单位。

据此，可以把"进程"定义为：一个程序在一个数据集合上的一次运行过程。所以一个程序在不同数据集合上运行，乃至一个程序在同样数据集合上的多次运行都是不同的进程。

2. 进程的特征

进程与传统的程序是截然不同的两个概念，它具有五个基本特征，从这五个特征可以看到进程与程序的巨大差异。

（1）动态性

进程的动态性是进程的最基本特征，它表现为"进程因创建而产生，因调度而执行，因得不到资源而暂停以及因撤销而消亡"。因此，进程具有一定的生命周期，其状态也会不断发生变化，是一个动态实体。而程序仅是一组指令的集合，并且可以一成不变地存放在某种介质上，是一个静态实体。

（2）并发性

进程的并发性是指多个进程在一段时间内同时运行，交替使用处理器的情况。并发性是进程也是操作系统的重要特征。

（3）独立性

进程的独立性是指进程实体是一个能独立运行的基本单位，同时也是独立获得资源和独立调度的基本单位。没有创建进程的程序，是不能参加运行的。

（4）异步性

进程的异步性是指系统中的进程按照各自独立的、不可预知的速度向前推进，即进程按照异步方式运行。正是如此，将导致执行的不可再现性。因此，在操作系统中必须采取相应的措施来保证进程之间能够协调运行。

（5）结构性

进程的结构性是指在结构上进程实体由程序段、数据段和进程控制块组成，这三部分也统称为"进程映像"。

（二）进程的状态及其转换

系统中的诸多进程并发运行，并因竞争系统资源而相互依赖相互制约，因而进程执行时呈现了"运行—暂停—运行"的间断性。进程执行时的间断性可用进程的状态及其状态的转换来描述。

1. 进程的三种基本状态

通常，一个进程必须有就绪、运行和等待三种基本状态。

（1）就绪状态

当进程已分配到除处理器（CPU）以外的所有必要资源后，只要再获得处理器就可以运行的状态称为就绪状态。在一个系统里，可以有多个进程同时处于就绪状态，通常把这些就绪进程排成一个或多个队列，称为就绪队列。例如，某用户接受大学教育之后，做好各项准备去求职的状态，就相当于就绪状态。

（2）运行状态

处于就绪状态的进程一旦获得了处理器，就可以运行，进程状态也就处于运行状态。在单处理器系统中，只能有一个进程处于运行状态。在多处理器系统中，可能有多个进程处于运行状态。例如，某用户被一家企业或组织选中，得到工作岗位，获得了为社会和自己创造财富的机会，此时就相当于运行状态。

（3）等待状态

正在运行的进程因为发生某些事件（如请求输入/输出、申请额外空间等）而暂停运行，这种受阻暂停的状态称为等待状态。通常将处于等待状态的进程排成一个队列，称为等待队列。在有些系统中，也会按照等待原因的不同将处于等待状态的进程排成多个队列。例如，某用户在工作中因为自身知识与能力的不足，不能胜任工作，被企业或组织解聘，必须接受进一步的培训或学习，这样就进入了等待状态。

2. 进程状态的转换

在进程推进过程中，将在各个状态间不断发生改变。

（1）就绪状态→运行状态

处于就绪状态的进程，当调度程序按照一定的算法为之分配了处理器后，该进程就可以获得运行，从而使进程状态由就绪状态变为运行状态。处于运行状态的进程称为当前进程。

（2）运行状态→等待状态

正在运行的进程因为自身需求发生某种事件（如 I/O 请求或等待某一资源等）而无法继续运行时，只好暂停运行，此时进程就由运行状态转变为等待状态。

（3）运行状态→就绪状态

正在运行的进程，如果因系统分配给的时间片结束或优先权较低而暂停运行时，该进程将会从运行状态转变为就绪状态。

（4）等待状态→就绪状态

处于等待队列中的进程，如果需要的资源得到满足或完成输入输出响应，就会变为就绪状态，进入就绪队列，等待下一次调度。

图 2-5 给出了具有三种基本状态的进程状态转换图。

图 2-5　三种进程状态的转换

注：一个人和一个进程相似，有生命周期，是动态的、异步的、独立的、并发的，也在不停地转换着状态与角色。所以，你可以用人生来体会进程的概念。同样，也可以用进程来比对人生，也许会有新的诠释和新的启迪。

（三）进程的挂起状态

1. 挂起状态的引入

在很多系统中，进程只有上述三种基本状态。但是，在另一些系统中，由于某种需要又增加了一些新的进程状态，其中最重要、最常见的是挂起状态。引入挂起状态主要是基于下列需求。

（1）用户的需求

当用户在进程运行期间，发现有可疑问题时，希望进程暂时停止下来，但是并不终止进程。若进程处于运行状态，则暂停运行；若进程处于就绪状态，则暂时不接受调度，以便研究进程运行情况或对程序进行修改。这种静止状态称为挂起状态。

（2）父进程的需求

父进程往往希望考查和修改子进程，或者协调各个子进程之间的活动，此时需要挂起自己的子进程。

（3）操作系统的需求

操作系统有时需要挂起某些进程，然后检查系统中资源的使用情况，进行记账控制，以便改善系统运行的性能。

（4）对换的需求

为了缓和主存与系统其他资源的紧张情况，并且提高系统性能，有些系统希望将处于等待状态的进程从主存换到外存。而换到外存的进程，当等待的事件完成时，它仍然不具备运行的条件，则不能进入就绪队列，所以需要一个有别于等待状态的新状态来表示，即挂起状态。

2. 引入挂起状态后的进程状态转换

在引入挂起状态后，进程的状态变化又增加了挂起状态（又称为静止状态）与非挂起状态（又称为活动状态）间的转换。

（1）运行状态→静止就绪

正在运行的进程，如果用挂起原语将该进程挂起后，进程就暂停运行，转变为静止就绪状态。

（2）静止就绪→活动就绪

处于静止就绪状态的进程，若用激活原语将该进程激活后，进程状态就由静止就绪状态变为活动就绪状态，激活后的进程就可以被调度运行了。

（3）活动就绪→静止就绪

当进程处于未被挂起的就绪状态时，称之为活动就绪状态，在用挂起原语将该进程挂起后，此时进程就转变为静止就绪状态。处于静止就绪状态的进程，不能再被调度运行。

（4）活动等待→静止等待

当进程处于未被挂起的等待状态时，称之为活动等待状态。在用挂起原语将该进程挂起后，此时进程就转变为静止等待状态。

（5）静止等待→活动等待

处于静止等待状态的进程，若用激活原语将该进程激活，进程状态就由静止等待状态变为活动等待状态。

（6）静止等待→静止就绪

处于静止等待状态的进程，在其所需要的资源满足或完成等待的事件后，就会变为静止就绪状态。

读者可以根据上述内容，自己画出引入挂起状态后的进程转换图。

三、进程控制

进程控制的主要任务是为作业程序创建进程，撤销已结束的进程，以及控制进程在运行过程中的状态转换。本节主要介绍进程控制块的作用、组成、组织方式，进程的创建与撤销，进程的等待与唤醒。

（一）进程控制块 PCB

1. 进程控制块的作用

进程控制块 PCB（Process Control Block）是进程实体的重要组成部分，是操作系统中最重要的记录型数据。在进程控制块中记录了操作系统所需要的、用于描述进程情况及控制进程运行所需要的全部信息。通过 PCB，使得原来不能独立运行的程序（数据），成为一个可以独立运行的基本单位，一个能够并发运行的进程。换句话说，在进程的整个生命周期中，操作系统都要通过进程的 PCB 来对并发运行的进程进行管理和控制。

由此看来，进程控制块是系统对进程控制采用的数据结构。系统是根据进程的 PCB 而感知进程存在的。所以，进程控制块是进程存在的唯一标志。当系统创建一个新进程时，就要为它建立一个 PCB；当进程结束时，系统又回收其 PCB，进程也随之消亡。PCB 可以被多个系统模块读取和修改，如调度模块、资源分配模块、中断处理模块、监督和分析模块等。因为 PCB 经常被系统访问，因此常驻主存。系统把所有的 PCB 组织成若干个链表（或队列），存放在操作系统中专门开辟的 PCB 区内。

2. 进程控制块的内容

进程控制块主要包括下述四个方面的信息（图 2-6）。

（1）进程标识信息

进程标识符用于标识一个进程，通常有外部标识符和内部标识符两种。

①外部标识符由进程创建者命名，通常是由字母、数字所组成的一个字符串，在用户（进程）访问该进程时使用。外部标识符都便于记忆，如计算进程、打印进程、发送进程、接收进程等。

②内部标识符是为方便系统使用而设置的。操作系统为每一个进程赋予唯一的一个整数，把它作为内部标识符。内部标识符通常就是一个进程的序号。

（2）说明信息（进程调度信息）

说明信息是与进程调度有关的状态信息，它包括：

• 进程状态。指明进程当前的状态，作为进程调度和对换时的依据。

• 进程优先权。用于描述进程使用处理器的优先权别，通常是一个整数。优先权高的进程将优先获得处理器。

• 进程调度所需的其他信息。其内容与所采用的进程调度算法有关，如进程等待时间、进程已运行时间等。

• 等待事件是指进程由运行状态转变为等待状态时所等待发生的事件，即等待原因。

（3）现场信息（处理器状态信息）

现场信息是用于保留进程存放在处理器

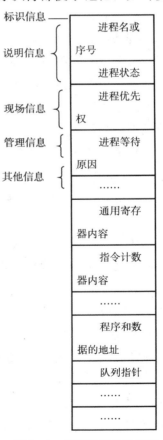

图 2-6　进程控制块的组成

中的各种信息，主要由处理器中的各个寄存器的内容组成。尤其是当进程暂停运行时，这些寄存器内的信息将被保存在 PCB 里，当该进程重新运行时，能从上次停止的地方继续运行。

- 通用寄存器。其中的内容可以被用户程序访问，用于暂存信息。
- 指令计数器。用于存放要访问的下一条指令的地址。
- 程序状态字。用于保存当前处理器的状态信息，如运行方式、中断屏蔽标志等。
- 用户栈指针。每个用户进程都有一个或若干个与之相关的关系栈，用于存放过程和系统调用参数及调用地址，栈指针指向堆栈的栈顶。

（4）管理信息（进程控制信息）

管理信息包括进程资源、控制机制等一些进程运行所需要的信息。

- 程序和数据的地址。它是指该进程的程序和数据所在的主存和外存地址，以便该进程再次运行时能够找到程序和数据。
- 进程同步和通信机制。它是指实现进程同步和进程通信时所采用的机制，如消息队列指针、信号量等。
- 资源清单。该清单中存放有除 CPU 以外，进程所需的全部资源和已经分配到的资源。
- 链接指针。它将指向该进程所在队列的下一个进程的 PCB 的首地址。

3. 进程控制块的组织方式

在一个系统中，通常拥有数十个、数百个乃至数千个 PCB，为了能对它们进行有效的管理，就必须通过适当的方式将它们组织起来。目前，常用的组织方式有链接方式和索引方式。

（1）链接方式

把具有相同状态的 PCB 用链接指针链接成队列，如就绪队列、等待队列和空闲队列等。就绪队列中的 PCB 将按照相应的进程调度算法进行排序。而等待队列也可以根据等待原因的不同，将处于等待状态的进程的 PCB 排成等待 I/O 队列、等待主存队列等多个队列。此外，系统主存的 PCB 区中空闲的空间将排成空闲队列，以方便进行 PCB 的分配与回收。

图 2-7 给出了一种 PCB 链接队列的组织方式。

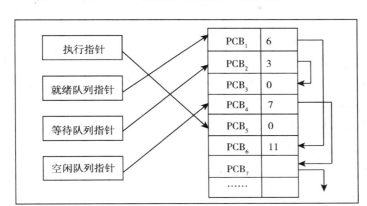

图 2-7　PCB 的链接组织方式

（2）索引方式

系统根据各个进程的状态，建立不同索引表，例如就绪索引表、等待索引表等。并把各个索引表在主存的首地址记录在主存中的专用单元里，也可以称为表指针。在每个索引表的表目中，记录着具有相同状态的各个 PCB 在表中的地址。

图 2-8 给出了 PCB 组织的索引方式。

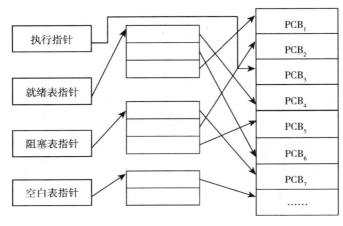

图 2-8　PCB 的索引组织方式

4. 进程控制原语

原语是指具有特定功能的不可被中断的过程。它主要用于实现操作系统的一些专门控制操作。用于进程控制的原语有：

（1）创建原语

用于为一个进程分配工作区和建立 PCB，置该进程为就绪状态。

（2）撤销原语

用于一个进程工作完后，收回它的工作区和 PCB。

（3）等待原语

用于进程在运行过程中发生等待事件时，把进程的状态改为等待状态。

（4）唤醒原语

用于当进程等待的事件结束时，把进程的状态改为就绪状态。

（二）进程创建

在系统中，只有进程才能得到运行。因此，程序想要运行，就必须为之创建进程。进程运行结束，就必须撤销它。

1. 引起进程创建的事件

引起进程创建的事件有以下四类：

（1）用户登录

在分时系统中，用户在终端键入登录命令后，如果是合法用户，系统将为该终端用户建立一个进程，并把它放入就绪队列。

（2）作业调度

在批处理系统中，当作业调度程序按照一定算法调度某个作业时，便将该作业装入主存，为其分配必要的资源，并为之创建进程，放入就绪队列。

（3）提供服务

当运行中的用户进程提出某种请求后，系统将专门创建一个进程来提供用户所需要的服务。例如用户进程要求进行文件打印时，操作系统将为之创建一个打印进程。

（4）应用请求

上述三种情况都是由系统为之创建进程，而第四种情况则是基于应用进程自己的需要，由它自己创建一个新进程，这个新进程也称为该进程的子进程。例如，某应用进程需要不断从键盘读入数据，然后进行相应的处理，最后将处理结果以表格形式显示到屏幕上。该应用进程就会分别创建键盘输入进程、表格输出进程来完成相应的工作。

2. 进程创建的处理过程

一旦操作系统发现了要求创建进程的事件后，便调用进程创建原语，按照下列步骤创建一个新进程。

①为新进程分配唯一的进程标识符，并从 PCB 队列中申请一个空闲的 PCB。

②为新进程的程序、数据以及用户栈分配相应的主存空间及其他必要的资源。

③初始化 PCB 中的相应信息，如标识信息、处理器信息、进程控制信息等。

④如果就绪队列可以接纳新进程，便将新进程加入到就绪队列中。

（三）进程撤销

1. 引起进程撤销的事件

引起进程撤销的事件有三类：

（1）进程正常结束

即程序运行到最后一条指令后。如在 C 语言程序的函数调用中，执行函数调用的最后一条指令 return 后，结束该函数。

（2）进程异常错误

在进程运行期间，由于出现某些错误和故障而使进程被迫中止。例如越界错误、超时故障、非法指令错误、运行超时、等待超时、算术运算错误、I/O 故障等。

（3）进程应外界的请求而终止运行

例如操作员或操作系统要求、父进程干预或父进程结束等。

2. 进程撤销的处理过程

一旦操作系统发现了要求终止进程的事件后，便调用进程终止原语，按照下列步骤终止指定的进程。

①根据被终止进程的标识符，从 PCB 集合中检索该进程的 PCB，读出进程状态。

②若该进程处于运行状态，则立即终止该进程的运行。

③若该进程有子孙进程，还要将其子孙进程终止。

④将该进程所占用的资源回收，归还给父进程或操作系统。

⑤将被终止进程的 PCB 从所在队列中移出，撤销该进程的 PCB，并将其加入到空闲的 PCB 队列中。

（四）进程等待

1. 引起进程等待的事件

引起进程等待的事件有四类。

（1）请求系统服务

正在运行的进程请求系统提供服务时（例如申请打印机打印），若申请的服务资源被其他进程占有，该进程只能处于等待状态。

（2）启动某种操作

正在运行的进程启动某种操作后，其后续命令必须在该操作完成后才能运行，所以要先等待该进程。例如某进程启动键盘输入数据，只有数据输入完成后才能计算，此时，该进程需要等待。

（3）新数据尚未到达

对于相互合作的进程，如果一个进程需要先获得另一个进程提供的数据后才能运行，则只有等待所需要的数据到达。所以，该进程也会被阻塞。

（4）无新工作可做

系统往往设置一些具有特定功能的系统进程，每当这种进程完成任务后，便把自己阻塞起来等待新任务的到来。例如系统中的发送进程，其主要任务是发送数据，若已有数据发送完成又无新的发送请求，则该进程自我阻塞。

2. 进程等待的处理过程

一旦操作系统发现了要求等待进程的事件后，便调用进程等待原语，按照下列步骤阻塞指定的进程。

①立即停止执行该进程。

②修改进程控制块中的相关信息。把进程控制块中的运行状态由"运行"状态改为"等待"状态，并填入等待的原因以及进程的各种状态信息。

③把进程控制块插入到等待队列。根据等待队列的组织方式，把等待进程的进程控制块插入等待队列中。

④转调度程序重新调度，运行就绪队列中的其他进程。

（五）进程唤醒

1. 引起进程唤醒的事件

引起进程唤醒的事件有四类。

（1）请求系统服务得到满足

因请求服务得不到满足的等待队列中的进程，得到相应的服务要求时，处于等待队列中的进程就被唤醒。

（2）启动某种操作完成

处于等待某种操作完成的等待队列中的进程，其等待的操作已经完成，可以执行其后续命令，则必须把它唤醒。

（3）新数据已经到达

对于相互合作的进程，如果一个进程需要另一个进程提供的数据已经到达，则把因此而处于等待的进程唤醒。

（4）有新工作可做

系统中的具有特定功能的系统进程，接收到新的任务时，就必须唤醒它。

2. 进程唤醒的过程

一旦操作系统发现了要求唤醒进程的事件后，便调用进程唤醒原语，按照下列步骤唤醒指定的进程。

①从等待队列中找到该进程。

②修改该进程控制块中的相关内容，把等待状态改为就绪状态，删除等待原因等。

③把进程控制块插入到就绪队列中。按照就绪队列的组织方式，把被

唤醒的进程的进程控制块插入到就绪队列中。

四、进程同步机制

在操作系统中引入进程后，虽然改善了资源的利用率，提高了系统的吞吐量。但是，由于进程的异步性，也会给系统造成混乱。因此，必须有效地协调各个并发进程间的关系，从而使它们能正确地执行。本节主要介绍进程的同步与互斥的实现机制。

（一）进程的并发性

在并发运行的系统中，若干个作业可以同时运行，而每个作业又需要有多个进程协作完成。在这些同时存在的进程间具有并发性，称之为"并发进程"。

并发进程相互之间可能没有关系，也可能存在某种关系。如果进程间彼此毫无关系，互不影响，这种情况不会对系统产生什么影响，通常不是要研究的对象。如果进程间彼此相关，互相影响，那么就需要进行合理的控制和协调才能正确运行。进程间的关系可以分为：

1. 资源共享关系

系统中的某些进程需要访问共同的资源，即当一个进程访问共享资源时，访问该共享资源的其他进程必须等待，当这个进程使用完后，其他进程才能使用。这时要求进程应互斥地访问共享资源。

2. 相互合作关系

系统中的某些进程之间存在相互合作的关系，即一个进程执行完后，另一个进程才能开始。否则，另一个进程不能开始。这时就要保证相互合作的进程在执行次序上要同步。

（二）进程同步的概念

对于相关进程间的同步和互斥，必须进行有效的控制。这种控制涉及几个基本概念，即临界资源、临界区、进程同步和进程互斥。

1. 临界资源

在系统中有许多硬件或软件资源，如打印机、公共变量等，这些资源在一段时间内只允许一个进程访问或使用，这种资源称为临界资源。

2. 临界区

作为临界资源，不论是硬件临界资源，还是软件临界资源，多个并发进程都必须互斥地访问或使用，这时把每个进程中访问临界资源的那段代码称为临界区。而这些并发进程中涉及临界资源访问的那些程序段称为相关临界区。

有了临界区后，如果能保证相关进程互斥地进入各自的临界区，便可以实现它们对临界资源的互斥访问。因此，每个进程在进入临界区前应该对要访问的临界资源进行检查，看它是否正被访问。如果此时临界资源未被访问，该进程就可以进入临界区，对资源进行访问，并且将临界资源设为被访问的标志；如果此时临界资源正被某个进程访问，那么该进程就不能进入临界区。因此，必须在临界区之前增加一段用于上述检查的代码，这段代码称为进入区。相应地，在临界区后面也要加入一段代码，称为退出区，用于将临界资源的被访问标志恢复为未被访问标志。

3. 进程同步

进程同步是指多个相关进程在执行次序上的协调，这些进程相互合作，在一些关键点上需要相互等待或相互通信。通过临界区可以协调进程间相互合作的关系，这就是进程同步。

4. 进程互斥

进程互斥是指当一个进程进入临界区使用临界资源时，另一个进程必须等待。当占用临界资源的进程退出临界区后，另一个进程才被允许使用临界资源。通过临界区协调进程间资源共享的关系，就是进程互斥。进程互斥是同步的一种特例。

（三）进程同步机制应遵循的原则

为了实现进程的同步与互斥，可以利用软件方法，也可以在系统中设置专门的同步机制来协调各个进程。但是，所有的同步机制都必须遵循以下四条原则。

1. 空闲让进

当无进程处于临界区时，临界资源处于空闲状态，可以允许一个请求进入临界区的进程进入自己的临界区，有效地使用临界资源。

2. 忙则等待

当已有进程进入自己的临界区时，意味着临界资源正被访问，因而其他试图进入临界区的进程必须等待，以保证进程互斥地使用临界资源。

3. 有限等待

对要求访问临界资源的进程，应保证该进程在有效的时间内进入自己的临界区，以免陷入"死等"状态。

4. 让权等待

当进程不能进入自己的临界区时，应立即释放处理器，以免陷入"忙等"。

综上所述，当有若干个进程同时进入临界区时，应在有限时间内使进程进入临界区。它们不能因相互等待而使彼此不能进入临界区。但是，每次至多有一个进程进入临界区，并且进程在临界区内只能停留有限的时间。

（四）进程同步机制——锁

1. 锁的概念

在同步机制中，常用一个变量来代表临界资源的状态，称它为锁。通常用"0"表示资源可用，相当于锁打开；用"1"表示资源已被占用，相当于锁闭合。锁机制的描述（图 2-9）。

图 2-9　利用锁机制实现互斥

2. 对锁的操作

对锁的操作有两种，一种是关锁操作，另一种是解锁操作。

（1）关锁操作

```
lock(w){
test:if(w==1)goto  test;
else w=1;
}
```

（2）解锁操作

```
unlock(w){
w=0;
}
```

（五）进程同步机制——信号量

1. 信号量的概念

1965 年，荷兰学者 Dijkstra 提出的信号量机制是一种很有效的进程同步工具，得到了广泛的使用。这里将介绍最简单的经常使用的信号量——整型信号量。

信号量是一种特殊变量，它用来表示系统中资源的使用情况。而整型信号量就是一个整型变量。当其值大于"0"时，表示系统中对应可用资源的数目；当其值小于"0"时，其绝对值表示因该类资源而被等待的进程的数目；当其值等于"0"时，表示系统中对应资源已经用完，并且没有因该类资源而被等待的进程。

2. 对信号量的操作

对于整型信号量，仅能通过两个标准的原语操作来访问，这两个操作被称为 P 操作、V 操作，也合称为 PV 操作。其中 P 操作在进入临界区前执行，V 操作在退出临界区后执行。

（1）P 操作

P 操作记为 P（S），其中 S 为信号量，描述为：

```
P(S){
```

$S=S-1$;

if($S<0$)W(S);/* W(S):将进程插入到信号量的等待列中 * /

}

（2）V 操作

V 操作记为 V（S），其中 S 为信号量，描述为：

V(S){

$S=S+1$;

if($S\leqslant0$)　R(S);/* R(S):从该信号量的等待队列中移出第一个进程 * /

}

（六）利用信号量实现进程互斥

进程互斥的原因是竞争临界资源。所以，实现进程互斥的关键是要描述临界资源的使用情况。若临界资源没有被占用，则允许进程访问，否则不允许进程访问，让该进程入等待队列。下面通过两个例子来说明利用 PV 操作实现进程的互斥。

【例 2-2】在一个只允许单向行驶的十字路口，分别有若干辆由东向西，由南向北的车辆等待通过。为了安全每次只允许一辆车通过。当有车辆通过时，其他车辆必须等候。当无车辆在路口行驶时，则允许一辆车通过。请用 PV 操作设计一个十字路口安全行驶的自动管理系统。

【分析】因通过十字路口的车辆没有严格的顺序要求，只限定通过一辆车。所以，这是一个明显的互斥问题。十字路口即为临界资源，要求车辆每次最多通过一辆。

【解题步骤】

（1）确定进程的个数及其工作内容。由东向西，由南向北行驶的车辆为两个进程，主要工作是通过十字路口。

（2）确定互斥信号量的个数、含义及 PV 操作。设互斥信号量 S 表示临界资源十字路口，其初值为"1"表示十字路口可用。

（3）算法描述如下：

```
int S＝1；
cobegin
    Pew（）；        /＊  由东向西行驶车辆＊/
Psn（）；          /＊  由南向北行驶车辆＊/
coend
Pew（）{
P（S）；  /＊由东向西通过十字路口＊/
V（S）；
}
Psn（）{
P（S）；/＊由南向北通过十字路口＊/
V（S）；
}
```

说明：互斥信号量是根据临界资源的类型设置的。有几种类型的临界资源就设置几个互斥信号量。其值代表该类临界资源的数量，或表示该类临界资源是否可用，其初值一般为"1"。

【例 2-3】有 4 位哲学家围着一个圆桌在讨论问题和进餐，讨论时每人手中什么都不拿，进餐时，每人需要用刀和叉各一把。餐桌上的共有两把刀和两把叉，每把刀或叉供相邻的两个人使用。请用信号量及 PV 操作说明 4 位哲学家的同步过程。

【分析】因相邻的两个哲学家要竞争刀或叉，刀或叉就成了临界资源，所以本题属于互斥问题。

【解题步骤】

（1）确定进程的个数及其工作内容。本题涉及 4 个进程，每个哲学家为一个进程，设为 Pa、Pb、Pc、Pd。

（2）确定互斥信号量的个数、含义及 PV 操作。在本题中应设置 4 个互斥信号量 $fork1$、$fork2$、$knife1$、$knife2$，其初值均为"1"，是可用的。

（3）用类 C 语言描述互斥关系如下：

```
int   fork1＝fork2＝1；
```

```
int   knife1＝knife2＝1；
cobegin
  Pa（）；
  Pb（）；
  Pc（）；
  Pd（）；
coend
  Pa（）{
while（1）{
P（knife1）；
P（fork1）；
进餐；
V（knife1）；
V（fork1）；
讨论问题；
}
}
Pb（）{
while（1）  {
P（knife2）；
P（fork1）；
进餐；
V（knife2）；
V（fork1）；
讨论问题；
}
}
Pc（）{
while（1）{
```

```
P(knife2);
P(fork2);
进餐;
V(knife2);
V(fork2);
讨论问题;
}
}
Pd(){
while(1){
P(knife1);
P(fork2);
进餐;
V(knife1);
V(fork2);
讨论问题;
}
}
```

（七）利用信号量实现进程同步

实现进程同步的关键是进程间执行次序的有效协调。当前一个进程运行完成后，其后的进程才能运行。当前进程没有运行完，其后的进程就不能运行。下面通过实例来说明。

【例 2 - 4】有三个进程 PA、PB、PC 要合作解决文件打印问题（图 2 - 10）。PA 将文件记录从磁盘读入主存的缓冲区 1 中，每执行一次读一条记录；PB 将缓冲区 1 的记录复制到缓冲区 2 中，每执行一次复制一条记录；PC 将缓冲区 2 的记录打印出来，每执行一次打印一条记录；缓冲区的大小等于一条记录的 PA，PB，PC 大小。请用 PV 操作来保证文件的正确打印。

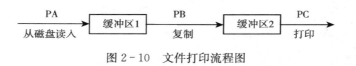

图 2-10　文件打印流程图

【分析】在本题中，进程 PA、PB、PC 之间的同步关系为 PA 与 PB 共用缓冲区 1，而 PB 与 PC 共用缓冲区 2。当缓冲区 1 为空时，进程 PA 可以将记录读入其中；若缓冲区 1 中有记录，进程 PB 可以将记录从缓冲区 1 中读出；当缓冲区 2 为空时，进程 PB 可以将记录复制到缓冲区 2 中；当缓冲区 2 中有记录时，进程 PC 可以打印记录。在其他条件下，相应进程必须等待。这是一个生产者与消费者和另一个生产者与消费者串联的问题。PA 进程是生产者，PB 进程既是消费者又是生产者，PC 是消费者。

【解题步骤】

（1）确定同步信号量的个数及含义。在流程图中标明对同步信号量的 PV 操作。本题设置 4 个信号量 $e1$、$e2$、$f1$、$f2$，信号量 $e1$、$e2$ 分别表示缓冲区 1 和缓冲区 2 是否为空，其初值为 "1"；信号量 $f1$、$f2$ 分别表示缓冲区 1 和缓冲区 2 是否有记录可以处理，其初值为 "0"。也可以理解为 $e1$ 表示 PA 是否可以开始写，$f1$ 表示 PB 是否可以开始读，$e2$ 表示 PB 是否可以开始写，$f2$ 表示 PC 是否可以开始读。

（2）用类 C 语言描述同步关系如下：

```
int e1=1,e2=1;
int f1=0,f2=0;
cobegin
    PA();
    PB();
    PC();
coend
PA(){
while(1){
从磁盘读取一条记录；
```

P(e1);/*　获取缓冲区 1 空的信息 * /

将记录存入缓冲区 1;

V(f1);　/*　通知进程 PB 读记录 * /

　　　　}

}

PB(){

while(1)　{

P(f1);/*　获取缓冲区 1 满的信息 * /

从缓冲区 1 中读取一条记录;

V(e1);/*　通知进程 PA 写记录 * /

P(e2);/*　获取缓冲区 2 空的信息 * /

将记录复制到缓冲区 2;

V(f2);　/*　通知进程 PC 读记录 * /

　　　　}

}

PC(){

while(1){

P(f2);/*　获取缓冲区 2 满的信息 * /

从缓冲区 2 中读取一条记录;

V(e2);/*　通知进程 PB 写记录 * /

打印记录;

　　　　}

}

说明: 同步信号量是根据进程的数量设置的。一般情况下,有几个进程就应设置几个同步信号量,用以表示该进程是否可以运行,或表示该进程是否运行结束。其初值一般为"0"。

(八) 利用信号量实现进程的同步加互斥

当进程间同时存在同步和互斥两种关系时,即既具有竞争临界资源的关系，又具有相互合作的关系。此时，主要是协调同步操作和互斥操作的先后。下面通过几个实例来说明利用 PV 操作实现进程的同步和互斥。

【例2-5】设有一个具有 N 个信息元素的环形缓冲区，A 进程顺序地把信息写进缓冲区，B 进程依次从缓冲区中读出信息，请用 PV 操作描述 A、B 进程的同步。

【分析】这是一个具有多个缓冲空间的生产者消费者问题，也是一个同步加互斥的问题。A、B 两个进程对缓冲区的访问必须互斥，并且当缓冲区满时，A 进程不能写入，必须等待；当缓冲区为空时，B 进程不能读取，必须等待。

解题步骤：

(1) 确定进程的个数及工作。本题只有读、写两类进程。

(2) 确定信号量的个数、含义及 PV 操作。本题设置 3 个信号量：互斥信号量 $S=1$（表示对缓冲区的互斥使用）；同步信号量 Sw（代表缓冲区是否有空闲，即写进程能否写）、Sr（代表缓冲区是否有数据，即读进程能否读），假设初始时缓冲区没有任何数据，则 $Sw=N$，$Sr=0$。设一个数组 array 表示缓冲区，两个整型变量 in、out 表示写入和读出的位置。

(3) 用类 C 语言描述同步关系如下：

```
# define  N  10;
int  array[N],in=0,out=0;
int   S=1,Sw=N,Sr=0;
cobegin
PA();
PB();
coend
PA(){
while(1)  {
生产数据 M;
P(Sw);/* 申请写数据 */
P(S);/* 获取缓冲区 */
```

```
array[in]=数据 M;/*  向缓冲区写数据 M * /
in=(in+ 1)mod N;       /*  调整写指针 * /
V(S);  /*  释放缓冲区 * /
V(Sr);/*  通知进程 PB 读数据 * /
    }
}
PB(){
while(1)   {
P(Sr);/*  申请读数据 * /
P(S);   /*  获取缓冲区 * /
M=array[out];/*  从缓冲区读数据 * /
out=(out+ 1)mod N;   /*  调整读指针 * /
    V(S);/*  释放缓冲区 * /
V(Sw);   /*  通知进程 PA 写数据 * /
消费数据 M;
    }
}
```

（九）利用信号量实现进程同步的方法

1. 使用 PV 操作的规则

由以上几个例子可以得出以下使用 PV 操作的规则：

（1）分清哪些是互斥问题（互斥访问临界资源的），哪些是同步问题（具有前后执行顺序要求的）。

（2）对于互斥问题要设置互斥信号量，不管有互斥关系的进程有几个或几类，互斥信号量的个数只与临界资源的种类有关。通常，有几类临界资源就设置几个互斥信号量，且初值为 1，代表临界资源可用。

（3）对于同步问题要设置同步信号量，通常同步信号量的个数与参与同步的进程种类有关，即同步关系涉及几类进程就有几个同步信号量。同步信号量表示该进程是否可以开始或该进程是否已经结束。

（4）在每个进程中用于实现互斥的 PV 操作必须成对出现；用于实现同步的 PV 操作也必须成对出现，但是，它们分别出现在不同的进程中；在某个进程中如果同时存在互斥与同步的 P 操作，则其顺序不能颠倒。必须先执行对同步信号量的 P 操作，再执行对互斥信号量的 P 操作。但是，V 操作的顺序没有严格要求。

2. 同步互斥问题的解题步骤

（1）确定进程。包括进程的数量、进程的工作内容，可以用流程图描述。

（2）确定同步互斥关系。根据使用的是临界资源还是处理的前后关系来确定互斥与同步，然后确定信号量的个数、含义，以及对信号量的 PV 操作。

（3）用类 C 语言描述同步或互斥算法。

五、进程通信

进程通信是指进程间的信息交换。进程通信所交换的信息量少则一个数值或状态，多则成千上万个字节。

根据通信的机制可将进程通信分为低级通信和高级通信。进程的同步与互斥称为低级通信。在进程的同步和互斥中，使用信号量机制是卓有成效的。但是作为通信工具，其效率比较低，一次发送的信息量比较少。并且，信号量机制主要依靠进程来控制，用户使用不方便。高级通信是指用户直接利用操作系统提供的一组通信命令，高效地传送大量数据的一种通信方式。高级通信既提高了工作效率，又简化了程序编制的复杂性，方便用户的使用。本节主要介绍进程的高级通信。

目前，高级通信机制主要有三大类：共享存储器系统、消息传递系统以及管道通信系统。

（一）共享存储器系统

在共享存储器系统中，相互通信的进程共享某些数据结构或存储区，进程之间能够通过它们进行通信。共享存储器系统又可以分为共享数据结构和共享存储区两种方式。

1. 共享数据结构方式

在这种通信方式下，相互通信的进程共用某些数据结构，并通过这些数据结构交换信息。这种方式与信号量机制相比，并没有发生太大的变化，比较低效、复杂，只适用于传送少量的数据。

2. 共享存储区方式

这种通信方式是在存储器中划出一块共享存储区，相互通信的进程可以通过对共享存储区中的数据进行读或写来实现通信。这种方式效率高，可以传送较多的数据。

（二）消息传递系统

在消息传递系统中，进程间的数据交换是以消息为单位进行的。用户直接利用系统中提供的一组通信命令（原语）进行通信。这种方式既大大提高了工作效率，又简化了程序编制的复杂性，方便用户的使用。因此，消息传递系统成为最常用的高级通信方式。根据实现方式的不同，它可以分为直接通信方式和间接通信方式两种。

1. 直接通信方式

发送进程使用发送原语直接将消息发送给接收进程，并将它挂在接收进程的消息缓冲队列上。接收进程使用接收原语从消息缓冲队列中取出消息。通常，系统提供两条通信原语：

发送原语：Send（$Receiver$，$message$）；

接收原语：Receive（$Sender$，$message$）；

例如原语 Send（$P2$，m）表示将消息 m 发送给接收进程 $P2$；而原语 Receive（$P1$，m）则是表示接收由进程 $P1$ 发送来的消息 m。

2. 间接通信方式

发送进程使用发送原语直接将消息发送到某种中间实体中。接收进程使用接收原语从该中间实体中取出消息。这种中间实体一般称为信箱。所以，这种方式也称为信箱通信方式，并且被广泛地用于计算机网络中（即电子邮件系统）。发送进程与接收进程通过中间实体——信箱来完成通信，既可以实现实时通信，又可以实现非实时通信。

（1）信箱通信的操作

系统为信箱通信提供了若干条操作原语，包括创建信箱原语、撤销信箱原语、发送原语、接收原语等。

①信箱的创建与撤销。进程可以利用信箱创建原语建立一个新信箱。创建进程应给出信箱的名字、信箱属性等。当信箱所属进程不再需要该信箱时，可用信箱撤销原语撤销信箱。

②消息的发送与接收。相互通信的进程利用系统提供的下述通信原语来实现消息的发送与接收。

Send（*mailbox*，*message*）：将一个消息发送到指定信箱。

Receive（*mailbox*，*message*）：从指定信箱中接收一个消息。

（2）信箱的分类

信箱可以由操作系统创建，也可以由用户创建。创建者是信箱的拥有者，据此，可以把信箱分为以下三类：

①私有信箱。用户进程可以为自己建立一个新信箱，并作为进程的一部分。信箱的拥有者有权从信箱中读取消息，其他用户只能将自己的消息发送到该信箱中。当拥有该信箱的进程终止时，信箱也随之消失。

②公用信箱。它由操作系统创建，并为系统中所有核准的用户提供进程使用。核准的进程既可以把消息发送到该信箱，又可以从信箱中取出发送给自己的消息。通常，公用信箱在系统运行期间始终存在。

③共享信箱。它实际上是某种进程创建的私有信箱。在创建时或创建后，又指明它是可以共享的，同时指出共享进程（用户）的名字，此时就成为共享信箱。信箱的拥有者和共享者，都有权从信箱中取走发送给自己的消息。

（3）通信进程间的关系

当利用信箱通信时，发送进程与接收进程存在下列关系：

①一对一关系。在一个发送进程和一个接收进程之间建立一条专用的通信通道，使它们之间的通信不受其他进程的影响。

②多对一关系。允许提供服务的一个接收进程与多个用户发送进程之间进行通信，也称为客户/服务器方式。

③一对多关系。允许一个发送进程与多个接收进程进行通信，使发送进程可以用广播形式向一组接收者或全部接收者发送消息。

④多对多关系。允许建立一个公用信箱，让多个进程既可以把消息发送到该信箱，又可以从信箱中取出发送给自己的消息。

（三）管道通信系统

所谓管道是指连接读进程和写进程的，用于实现它们之间通信的共享文件。向管道提供输入的发送进程（写进程），以字符流的形式将大量数据送入管道，而接受管道输出的接收进程（读进程）可以从管道中接收数据。由于发送进程和接收进程是利用管道进行通信的，故称为管道通信方式。这种方式首创于 UNIX 系统，因为它能传送大量的数据，又非常有效，所以又被引入到许多操作系统中。

人类社会中，每个人可以看成是一个或一组进程，相互之间存在着千丝万缕的关系：或互斥地访问使用社会资源，或协调地进行社会工作。所以，人们在社会环境中，也要进行有效的控制与协调，每个人（进程）要学会与他人共享社会资源，也要学会与他人进行有效的交流（通信），否则将不能很好地工作和生活。

六、处理机调度

一个作业从提交开始直到完成，往往要经历三级调度，即作业调度（也称为高级调度）、进程调度（也称为低级调度）和中级调度。作业调度是从后备作业队列中选择出若干个作业，为它们分配必要的资源，将它们调入主存，为它们建立进程，使之成为就绪进程。进程调度又称为低级调度，它决定主存中就绪队列上的哪个进程（单处理器系统）获得处理器，然后把处理器分配给该进程，使其运行。中级调度是把那些暂时不能运行的进程从主存移到外存上，释放其所占有的宝贵资源，让其他进程运行。

当移到外存上的进程具备运行条件时，再由中级调度把它们重新调入主存等待运行。本节主要介绍进程调度算法的选择原则，常用的进程调度算法和作业调度算法。

（一）进程调度算法的选取原则

选择调度算法的原则有面向用户的，也有面向系统的。

1. 面向用户的原则

这是为满足用户的需求而遵循的一些准则。它包括：

（1）周转时间短

所谓周转时间是指从进程提交给系统开始，到进程完成为止的这段时间。它包括等待时间和运行时间，主要用于评价批处理系统。

对每个用户而言，都希望自己进程的周转时间最短。但是，作为计算机系统的管理者，是希望平均周转时间最短。这不仅会提高资源的利用率，而且可以使大多数用户感到满意。平均周转时间可以描述为：每个进程的周转时间之和除以进程的个数。

为了能进一步描述每个进程的周转效率，用另一种指标——带权周转时间，即进程的周转时间与系统为其提供的实际服务时间（不包括各阶段的等待时间）之比。那么，平均带权周转时间是所有进程的带权周转时间之和除以进程的个数。

（2）响应时间快

响应时间是指从用户通过键盘提交一个请求开始，直至系统首次产生响应为止的时间（进程首次运行前的等待时间），即系统在屏幕上显示出结果为止的一段时间间隔。它主要用于评价分时操作系统。

（3）截止时间有保证

截止时间是指进程必须开始运行的最迟时间，或必须完成的最迟时间。对于严格的实时系统，其调度方式和调度算法必须保证这一点。否则，有可能引起灾难性的后果。它主要用于评价实时操作系统。

（4）优先权原则

采用优先权原则，目的是让某些紧急的进程得到及时处理。在要求严格的系统中，还要使用抢占调度方式，才能保证紧急进程得到及时处理。它用于批处理、分时和实时系统。

2. 面向系统的原则

这是为了满足系统要求而遵循的一些准则。它包括：

（1）系统吞吐量高

系统吞吐量是指系统在单位时间内所完成的进程数量。显然进程的平均长度将直接影响系统吞吐量的大小。另外进程调度的方式与算法也会对系统吞吐量产生较大的影响。它主要用于评价批处理系统。

（2）处理器利用率高

对于大、中型系统，由于 CPU 价格昂贵，所以处理器的利用率就成为十分重要的指标。在实际系统中，CPU 的利用率一般在 40％～90％。但是，该准则一般不用于微机系统和某些实时系统，它主要用于大、中型系统。

（3）各类资源的平衡利用

对于大、中型系统，不仅要使处理器利用率高，而且还应能有效地利用其他各类资源，保持系统中各类资源都处于忙碌状态。同样，该准则一般不用于微机系统和某些实时系统，它主要用于大、中型系统。

（二）常用的进程调度算法

在现有的操作系统中，进程调度算法多种多样，各有优缺点。所以，要根据不同的系统和系统目标选择不同的调度算法。衡量调度算法优劣的标准是比较不同算法下的周转时间（或带权周转时间）和平均周转时间（或平均带权周转时间）。平均周转时间短或平均带权周转时间短的就是好算法。

1. 先来先服务调度算法（FCFS）

先来先服务调度算法是一种最简单的调度算法，系统开销最少。当系统采用这种调度算法时，系统从就绪队列中选择一个最先进入就绪队列的进程，把处理器分配给该进程，使之得到执行。进程一旦占有了处理器，就一直运行下去，直到完成或因发生某种事件而等待，才退出处理器。

先来先服务调度算法的裁决模式是非抢占式的,优先权函数＝花费在系统中的实际时间,仲裁规则是随机的。这种调度算法有利于长进程而不利于短进程。

2. 短进程优先调度算法（SPF）

短进程优先调度算法是从就绪队列中选择一个运行时间最短的进程,将处理器分配给该进程,使之占有处理器并运行。直到该进程完成或因发生某种事件而等待,才退出处理器。

短进程优先调度算法的裁决模式是非抢占式的,仲裁规则是按照时间先后顺序或随机方式。这种调度算法照顾到了系统中的短进程,有效地降低了进程的平均等待时间,提高了系统的吞吐量。但是,这种算法对长进程不利。

通过表2-1可以对短进程优先调度算法与先来先服务调度算法进行比较。

表2-1　先来先服务调度算法与短进程优先调度算法的比较

	进程名	A	B	C	D	E	平均
	到达时间	0	1	2	3	4	
	服务时间	6	3	5	2	1	
FCFS	完成时间	6	9	14	16	17	
	周转时间	6	8	12	13	13	10.4
	带权周转时间	1	2.67	2.4	6.5	13	5.114
SPF	完成时间	6	12	17	9	7	
	周转时间	6	11	15	6	3	8.2
	带权周转时间	1	3.67	3	3	3	2.754

虽然短进程优先调度算法对短进程很好,但是,也存在不容忽视的缺点:

①该算法对长进程非常不利。更为严重的是,如果在某一个就绪队列中含有长进程,但是,其中总有比其短的进程,可能导致长进程很长时间内得不到调度,甚至一直得不到调度,这种现象称为“饿死”。

②该算法和先来先服务调度算法一样,没有考虑到进程的紧迫程度,

因而不能保证紧急进程得到及时的处理。

③由于进程调度的依据是用户提供的估计运行时间，而用户有可能会有意或无意地缩短其进程的估计运行时间，致使该算法不一定能真正做到短进程优先调度。

3. 最短剩余时间优先调度算法（SRT）

最短剩余时间优先调度算法是短进程优先调度算法的抢占式的动态版本。它将 CPU 分配给需要最少时间来完成的进程。

最短剩余时间优先调度算法的裁决模式是抢占式的，优先权函数是动态的，随着进程运行和完成时间的减少而增加，仲裁规则是按照时间先后顺序或随机方式。这种调度算法充分照顾到了剩余运行时间短的进程。

4. 时间片轮转调度算法（RR）

在分时系统中，为了保证人机交互的及时性，系统使每个进程依次按照时间片方式轮流运行，即时间片轮转调度算法。在该算法中，系统将所有的就绪进程按照进入就绪队列的先后次序排列。每次调度时把 CPU 分配给队首进程，让其运行一个时间片。当时间片用完，由计时器发出时钟中断，调度程序暂停该进程的运行，使其退出处理器，并将它送到就绪队列的末尾，等待下一轮调度运行。然后，把 CPU 分配给就绪队列中新的队首进程，同时也让它运行一个时间片。这样就可以保证就绪队列中的所有进程，在一定的时间（可以接受的等待时间）内，均能获得一个时间片的运行时间。

时间片轮转调度算法的裁决模式是面向时间片的，所有就绪进程的优先权函数值相同，仲裁规则是轮转规则。这种调度算法适用于交互进程的调度。

在时间片轮转调度算法中，时间片的大小对系统的性能有很大影响。如果时间片太大，大到每个进程都能在一个时间片内运行结束，则时间片轮转调度算法便退化为先来先服务调度算法，用户将不能获得满意的响应时间。若时间片过小，用户键入简单的常用命令都要花费多个时间片，那么系统将频繁地进行进程切换，同样难以保证用户对响应时间的要求。

因此，时间片的大小要适当，通常要考虑以下几个因素：

①系统对响应时间的要求。作为分时系统首先必须满足系统对响应时间的要求。响应时间与进程数目和时间片成正比。因此，在进程数目一定时，时间片的大小和系统所要求的响应时间成正比。

②就绪队列中进程的数目。在分时系统中，就绪队列上的进程数目是随着在终端上机的用户数目而改变的。所以，系统要保证所有终端用户上机时，能获得较好的响应时间。因此，时间片的大小应与分时系统所配置的终端数目成反比。

③系统的处理能力。系统的处理能力是必须保证用户键入的常用命令能在一个时间片内处理完毕，否则无法取得满意的响应时间。

5. 优先权调度算法

为了照顾紧迫型进程获得优先处理，引入了优先权调度算法，也称为外部优先权调度算法。它是从就绪队列中选择一个优先权最高的进程，获得处理器并运行。

优先权调度算法的裁决模式是抢占式的或非抢占式的，优先权函数是用户或系统赋给它的优先权，仲裁规则是随机的或先进先出的。

对于优先权调度算法，其关键在于是采用静态优先权还是动态优先权，以及如何确定进程的优先权。

（1）静态优先权

静态优先权是在创建进程时确定的，并且规定它在进程的整个运行期间保持不变。一般来说，优先权是利用某个范围内的一个整数来表示的，如 0～7 或 0～255 中的某个整数，所以又称为优先数。在使用时，有的系统用"0"表示最高优先权，数值越大优先权越小，而有的系统则恰恰相反。确定进程优先权的依据有：

①进程的类型。通常，系统进程的优先权高于用户进程的优先权。

②进程对资源的需求。进程在运行期间所需要的资源（如运行时间、主存需要量等）越少，则其优先权越高。

③用户的要求。根据用户进程的紧迫程度及用户所付费用的多少来确定进程的优先权。

静态优先权方法简单易行、系统开销小。但是，缺点是不够精确，很可能出现优先权低的进程因系统中总有比其优先权高的进程要求调度，导致该进程很长时间内得不到调度，甚至一直得不到调度，即"饿死"现象。

（2）动态优先权

动态优先权要配合抢占调度方式使用，它是指在创建进程时所赋予的优先权，可以随着进程的推进而发生改变，以便获得更好的调度性能。

在就绪队列中等待调度的进程，随着等待时间的增加，优先权也以某个速率增加。因此，对于优先权初值很低的进程，在等待足够长的时间后，其优先权也可能升为最高，从而获得调度，占用处理器并运行。

同样规定正在运行的进程，其优先权将随着运行时间的增加而逐渐降低，使其优先权可能不再是最高，从而暂停运行，将处理器回收并分配给优先权更高的进程。这种方式能防止一个长进程长期占用处理器的现象。

6. 响应比高者优先调度算法（HRRN）

响应比高者优先调度算法是一个折中的算法，它是从就绪队列中选择一个响应比最高的进程，让其获得处理器并运行，直到该进程完成或因等待某种事件而退出处理器为止。

$$响应比 = \frac{响应时间}{要求服务时间} = \frac{等待时间}{要求服务时间}$$

由上式可以看出：如果进程的等待时间相同，则要求服务时间越短，其优先权越高。因此，该算法有利于短进程；当要求服务的时间相同时，进程的优先权取决于等待时间，因而实现的是先来先服务；对于长进程，当其等待时间足够长时，其优先权便可以升到最高，从而也可以获得处理器运行。

响应比高者优先调度算法的裁决模式是非抢占式的，优先权函数＝响应比，仲裁规则是随机或按照先后次序。这种调度算法既照顾了短进程，又考虑了进程到达的先后次序，也不会使长进程长时间得不到服务。因此，它是一个考虑比较全面的算法。但是每次进行调度时，都需要计算各个进程的响应比。所以，系统开销很大，比较复杂。

7. 多级反馈队列调度算法（MLF）

前面介绍的各种进程调度算法都存在一定的局限性，如短进程优先调度算法不利于长进程，而且如果没有有效地表明进程的长度，其算法将无法正常使用。而多级反馈队列调度算法则不必事先知道各个进程所需的运行时间，可以满足各种类型进程的需要，是目前一种较好的进程调度算法。

多级反馈队列调度算法的组织方式如图 2 - 10 所示。

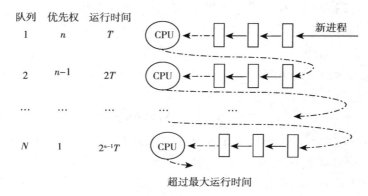

图 2 - 10 多级反馈队列调度中队列的组织方式

在采用多级反馈队列调度算法的系统中，调度算法的实施过程如下：

第一，将设置多个就绪队列，并为每个就绪队列赋予不同的优先权。第一个队列的优先权最高，第二个队列次之，其余队列的优先权逐个降低。

第二，队列中的进程将采用时间片轮转调度算法。但是，赋予各个队列中进程运行的时间片的大小各不相同。优先权越高的队列，进程运行的时间片越短。一般低一级队列的时间片是高一级队列的 2 倍。

第三，当一个新进程进入主存后，首先将它放入第一个队列的末尾，按照先后次序排队等待时间片轮转调度。当轮到该进程运行时，如果能在该时间片内完成，便可以正常终止；如果它在时间片结束时尚未完成，调度程序便暂停该进程的运行，并将其转入到第二个队列的末尾，再同样按照先后次序排队等待时间片轮转调度。如果它在第二个队列中运行一个时间片后仍未结束，再依此法将它放入第三个队列的末尾。如此下去，直到放入最低优先权的队列中，按照先后次序排队等待时间片轮转调度，直至结束。

第四，仅当第一个队列无进程时，调度程序才能调度第二个队列中的进程运行。相应地，只有当第 1 个至第 $N-1$ 个队列都无进程时，才能调度第 N 个队列中的进程运行。如果处理器正在第 N 个队列为某个进程服务时，又有新进程进入优先权较高的队列。则此时新进程将抢占正在运行进程的处理器，即由调度程序把正在运行的进程放回到第 N 个队列的末尾，然后将处理器分配给新进程。

（三）作业调度

作业调度是从后备作业队列中选择若干个作业，为它们分配必要的资源，将它们调入主存，为它们建立进程，使之成为就绪进程的过程。作业调度也需要一定的数据结构来存储调度信息，需要一定的调度算法选取作业。

1. 作业调度采用的数据结构

为了实现批处理作业的调度，需要为每个作业设置一个作业控制块（JCB），它用来记录作业的有关信息，如作业名、作业状态、作业的控制方式、作业类型、作业优先权、资源要求、资源使用情况。资源要求包括要求运行的时间、最迟完成时间、需要的主存容量、外设的种类和数量。资源使用情况包括作业进入系统的时间、开始运行的时间、已运行的时间、主存地址、外设号。作业的控制方式是联机作业控制（直接控制）还是脱机作业控制（自动控制）。作业类型有终端作业、批量作业，I/O 繁忙、CPU 繁忙等。其他信息有作业优先权、作业名和作业状态等。

作业控制块是作业存在的唯一标志。当作业进入后备状态时，系统为其建立 JCB，从而使该作业可以被作业调度程序感知；当作业执行完后进入完成状态时，系统撤销其 JCB，释放有关资源并撤销该作业。

2. 作业调度与进程调度的关系

作业调度是从输入井中选择可以装入主存储器的作业，当作业被装入主存储器时，作业调度就为该作业创建了一个进程；若有多个作业装入主存储器时，就可以创建多个作业进程。这些进程的初始状态为就绪状态。然后由进程调度来选择可以占用处理器的进程。进程占有处理器运行时，由于各种原因引起进程状态的变化而让出处理器，于是进程调度再选择一个进程去运行。所以，作业调度与进程调度相互配合，可以实现多道作业的同时执行。

3. 常用的作业调度算法

（1）选择作业调度算法应考虑的因素

对每一个用户来说，总是希望自己的作业尽快被执行。但是对计算机系统来说，既要考虑用户的要求，又要考虑系统效率的提高。所以，在选择作业调度算法时应考虑以下因素：

- 极大的流量。在单位时间内尽可能运行较多的作业。
- 平衡资源的使用。即尽可能使系统的所有资源都处于忙碌的状态。一般来说，用户作业所需要资源的差异较大。计算作业要求较多的 CPU 时间，而输入输出要求较少；事务处理作业要求 CPU 的时间较少，而输入输出要求得较多。因此，需要考虑如何合理搭配各种类型的作业，最大限度地发挥各种资源的效益，从而提高系统的使用效率。
- 公平使用。对每个用户公平对待，使用户满意，不能无故或无限制地拖延一个作业的执行。

设计计算机系统时应根据系统的设计目标决定采用的调度算法。目标不同，选择调度算法的侧重点也有所不同。一个理想的调度算法应该既能提高系统效率又能使进入系统的作业得到及时处理。

（2）常用的作业调度算法

①先来先服务调度算法。按作业到达系统的先后次序进行的调度。该算法优先考虑在系统中等待时间最长的作业，而不考虑作业运行时间的长短。这种算法容易实现，但是，效率比较低，而且没有考虑到紧迫作业和短作业。

②短作业优先调度算法。从作业的后备队列中挑选运行时间最短的作业作为下一个调度运行对象。这种算法容易实现，且效率较高，但是未考虑长作业的利益。

③响应比高者优先调度算法。先来先服务调度算法有可能使短作业等待较长的时间，短作业优先调度算法又没有充分考虑到长作业的需求。为

了更有效地提高系统的利用率，可以采用响应比高者优先调度算法。

响应比高者优先调度算法就是在每次调度作业时，先计算后备作业队列中每个作业的响应比，然后挑选响应比最高者投入运行。响应比是指作业的响应时间÷运行时间的估计值。作业响应时间等于作业进入系统后到首次运行之间的等待时间，也就是该作业的等待时间。一个作业的响应比是随着等待时间的增加而提高的。这样，在相同等待时间下短作业优先，而对于相同运行时间的作业，等待时间长的作业优先运行。

响应比高者优先调度算法既照顾到了短作业和长作业，又照顾到等待时间长的作业，但是，对要求运行紧迫的作业没有充分考虑到。

④优先权调度算法。优先权调度算法是根据作业确定的优先权来选取作业，每次总是选取优先权最高的作业。

规定用户作业优先权的方法很多，一种是由用户自己提出作业的优先权，另一种是由系统综合考虑有关因素来确定用户作业的优先权。前者会出现用户随意提高自己作业优先权的情况，为了避免这种情况的发生，可以规定作业优先权与所付出的计算机使用费挂钩。优先权越高，使用费就越高。后者可以根据作业的缓急程度、作业计算时间的长短、等待时间的多少、资源的申请情况等来确定优先权。确定优先权时各因素的比例应根据系统设计目标来决定。在执行过程中，系统还可以动态地改变作业的优先权。例如响应比高者优先调度算法实际上就是一种特殊的优先权调度算法。

在优先权调度算法中，为了照顾紧迫作业的运行，可能使某些系统资源闲置，系统资源的利用率没有充分地发挥。

⑤分类调度算法。分类调度算法是根据系统运行情况和作业属性将作业分类，作业调度时轮流从这些不同的作业类中挑选作业，以期达到均衡使用各类资源，提高系统效率的目的。

可以将等待执行的作业根据类别分成若干个队列，同一队列中的作业可以按照先来先服务或优先权等调度算法调度，各队列中的作业按照某种方式相互搭配进行调度。例如，按申请资源的情况可以将等待队列中的作业分成 3 个队列：第 1 个队列为输入输出量大的作业，第 2 个队列为计算量大的作业，第3个队列为计算量与输入输出量均衡的作业。调度时在每一个队列中各取一个作业，这样就可以均衡使用系统资源。

分类调度算法虽然可以均衡使用各类资源，但是需要为不同类型的作业设置队列，增加了系统开销。

4. 作业调度算法举例

【例2-6】在一个单道批处理系统中，一组作业的提交时间和运行时间如表2-2所示。

表2-2 【例2-6】示例用表

作　业	提交时间	运行时间
$J1$	8：00	1.0
$J2$	8：50	0.50
$J3$	9：00	0.20
$J4$	9：10	0.10

试计算以下三种作业调度算法的平均周转时间和平均带权周转时间：

（1）先来先服务调度算法；

（2）短作业优先调度算法；

（3）响应比高者优先调度算法。

【解】（1）先来先服务算法。作业的执行情况如表2-3所示。

表2-3 先来先服务算法作业执行情况

作业	提交时间	运行时间	开始时间	完成时间	周转时间	带权周转时间
$J1$	8：00	1.0	8：00	9：00	1.0	1.0
$J2$	8：50	0.50	9：00	9：30	0.67	1.34
$J3$	9：00	0.20	9：30	9：42	0.7	3.5
$J4$	9：10	0.10	9：42	9：48	0.63	6.3

作业的执行顺序为：$J1$、$J2$、$J3$、$J4$。

平均周转时间＝(1.0＋0.67＋0.7＋0.63)／4＝0.75

平均带权周转时间＝(1.0＋1.34＋3.5＋6.3)／4＝3.035

（2）短作业优先算法。作业的执行情况如表2-4所示。

表 2-4 短作业优先算法作业执行情况

作业	提交时间	运行时间	开始时间	完成时间	周转时间	带权周转时间
$J1$	8：00	1.0	8：00	9：00	1.0	1.0
$J2$	8：50	0.50	9：18	9：48	0.97	1.94
$J3$	9：00	0.20	9：00	9：12	0.2	1.0
$J4$	9：10	0.10	9：12	9：18	0.13	1.3

作业的执行顺序为：$J1$、$J3$、$J4$、$J2$。

平均周转时间＝$(1.0＋0.97＋0.2＋0.13)/4＝0.575$

平均带权周转时间＝$(1.0＋1.94＋1.0＋1.3)/4＝1.31$

（3）响应比高者优先算法。按响应比高者优先算法，作业的执行情况如表 2-5 所示。

表 2-5 响应比高者优先算法作业执行情况

作业	提交时间	运行时间	开始时间	完成时间	周转时间	带权周转时间
$J1$	8：00	1.0	8：00	9：00	1.0	1.0
$J2$	8：50	0.50	9：00	9：30	0.67	1.34
$J3$	9：00	0.20	9：36	9：48	0.8	4
$J4$	9：10	0.10	9：30	9：36	0.43	4.3

作业的执行顺序为：$J1$、$J2$、$J4$、$J3$。

平均周转时间＝$(1.0＋0.67＋0.8＋0.43)/4＝0.725$

平均带权周转时间＝$(1.0＋1.34＋4＋4.3)/4＝2.66$

调度实际上就是一种选择，知道了选择的原则与过程，就可以较好地控制选择的结果。在社会中，我们也会面临无数次的选择。为了选择正确合适的结果，我们也应该很好地了解每次选择的原则与过程。那么，你认为你是如何选择成功的，或者成功是如何选择你的？是永远向上的朝气、不断进取的锐气、百折不挠的勇气，还是坚守理想的信心、乐于助人的诚心、脚踏实地的耐心？

七、进程死锁

在操作系统中，多个进程的并发运行可以改善系统资源的利用率，提高系统的处理能力。但是，这样很可能会发生一种特殊的危险——死锁。系统发生死锁现象不仅浪费大量的系统资源，甚至导致整个系统崩溃，带来灾难性后果。本节主要介绍进程死锁的概念，产生死锁的原因和必要条件，以及处理死锁的方法。

（一）死锁的基本概念

1. 死锁的概念

死锁是指多个进程因竞争资源而造成的一种僵局现象，若无外力的作用，这些进程都不能继续运行。

2. 死锁的原因

引起进程死锁有以下原因。

（1）竞争资源

当系统中供多个进程共享的资源不足以同时满足它们的需求时，引起它们对资源的竞争而产生死锁。

系统中有些资源是可剥夺的，例如采用一定的虚拟存储器管理和抢占式调度算法后，CPU 和主存就属于可剥夺资源。而另一类资源是不可剥夺资源，如打印机等，当系统把这类资源分配给某进程后，将不能强行收回，只能等该进程用完后自行释放。当进程竞争下列资源时会产生死锁。

竞争不可剥夺资源，可剥夺资源的共享一般不会导致死锁，但是，不可剥夺资源的竞争可能引起死锁。

（2）进程推进顺序非法

进程在运行过程中，请求和释放资源的顺序不当，会导致进程死锁。例如对图 2-11 做一个新的解释：进程 $P1$ 接收从 $P3$ 发来的数据 $S3$，发送数据 $S1$ 给 $P2$；而进程 $P2$ 接收从 $P1$ 发来的数据 $S1$，发送数据 $S2$ 给 $P3$；进程 $P3$ 则接收从 $P2$ 发来的数据 $S2$，发送数据 $S3$ 给 $P1$。但是发送接收无严格的顺序要求，执行时可能会有不同的方式，将导致不同的结果。

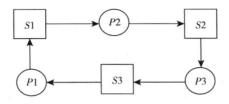

图 2－11　竞争临时性资源导致死锁

①进程推进顺序合法。如果 $P1$、$P2$、$P3$ 三个进程按照下述顺序执行：

$P1$：Send（S1）；Request（S3）；……

$P2$：Send（S2）；Request（S1）；……

$P3$：Send（S3）；Request（S2）；……

每个进程都先发送数据，后接收数据，则不会发生死锁。

②进程推进顺序非法。如果 $P1$、$P2$、$P3$ 三个进程按照下述顺序执行：

$P1$：Request（S3）；Send（S1）；……

$P2$：Request（S1）；Send（S2）；……

$P3$：Request（S2）；Send（S3）；……

每个进程都先接收数据，后发送数据，则可能发生死锁。

3. 产生死锁的必要条件

死锁并不一定都会出现，如果一旦产生死锁，一定会满足下述四个必要条件。

（1）互斥条件

进程对分配到的资源进行排他性、独占性使用。即在一段时间内某资源只能由一个进程占用，如果此时还有其他进程请求使用该资源，请求者只能等待，直到占有该资源的进程用完后释放，才能使用该资源。

（2）请求和保持条件

进程已经拥有并保持了至少一个资源，但是又请求新的资源，而新请求的资源又被其他进程占有，此时请求进程被等待，但是，对已获得的资源保持不放。

（3）不可剥夺条件

进程所占有的资源在结束之前不能被剥夺，只能在运行结束后由自己释放。

（4）环路等待条件

在发生死锁时，必然存在一个"进程—资源"的环形链。

4. 处理死锁的基本方法

（1）预防死锁

预防死锁是在进行资源分配之前，通过设置某些资源分配的限制条件，来破坏产生死锁的四个必要条件的一个或几个。预防死锁较容易实现，但是，由于施加了限制条件，会导致系统资源利用率和吞吐量的下降。

（2）避免死锁

避免死锁是在资源分配前不设置限制条件，在进行资源分配的过程中，用某种方法对每次资源分配进行管理，以避免某次分配使系统进入不安全状态，以至产生死锁。这种方法限制较小，可以获得较好的系统资源利用率和吞吐量。目前比较完善的系统中，通常采用此种方法。

（3）检测和解除死锁

这种方法则是不采取任何限制性措施，也不检查资源分配的安全性，它允许系统在运行过程中产生死锁。该方法首先是通过系统的检测过程及时地检查系统是否出现死锁，并确定与死锁有关的进程和资源；然后通过撤销或挂起一些死锁中的进程，回收相应的资源，进行资源的再次分配，从而将进程死锁状态解除。这种方法没有限制，可以获得较好的系统资源利用率和吞吐量，但是实现难度较大。

（二）死锁预防

死锁预防是通过对资源分配的原则进行限制，而使产生死锁的四个必要条件中的第 2、第 3、第 4 个条件之一不能成立来预防产生死锁。至于第一个必要条件，是由设备或资源的固有特性所决定的，不仅不能改变，还应加以保证。

1. 破坏"不剥夺"条件

一个已经占有某些资源的进程，当它再提出新的资源需求而不能立即得到满足时，必须释放它已经占有的所有资源，待以后需要时再重新申请。这意味着进程已经拥有的资源，在运行过程中可能会暂时被迫释放，即被系统剥夺，从而摒弃了"不剥夺条件"。

这种预防死锁的方法，实现起来比较复杂，并付出较大的代价，会使前段时间的工作失效等。此外这种方法还会因为反复地申请和释放资源延长进程的周转时间，增加系统开销，降低系统吞吐量。

2. 破坏"请求和保持"条件

在采用这种方法预防死锁时，系统要求进程必须一次性地申请其在整个运行期间所需要的全部资源。若系统有足够的资源，便一次性将其所需要的所有资源分配给该进程，这样一来，该进程在整个运行过程中，便不会再提出资源请求，从而摒弃了"请求"条件。而在分配时，只要有一个资源要求不能满足，系统将不分配给该进程任何资源，此时进程没有占有任何资源，因而也摒弃了"保持"条件，所以，可以预防死锁的产生。

这种预防死锁的方法，简单方便、易于实现，但是因为进程将一次性获得所有资源，并且独占使用，其中可能有些资源在该进程运行期间很少使用，造成资源严重浪费；同时有些进程因不能一次性获得所需要的资源，导致长时间不能投入运行。

3. 破坏"环路等待"条件

在这种方法中规定，系统将所有的资源按照类型进行线性排序，赋予不同的资源序号。并且所有进程对资源的请求和分配必须严格按照资源序号由小到大进行，即只有先申请和分配到序号小的资源，才能再申请和分配序号大的资源。这样在最后形成的资源分配图中，将不可能再出现环路，从而摒弃了"环路等待"条件。

这种预防死锁的方法与前两种相比，其资源利用率和系统吞吐量都有明显的改善。但是，这种方法涉及对各类资源的排序编号，考虑到实际的使用，其排序的合理性将受到很大的挑战。

（三）死锁避免

在预防死锁的各种方法中，都施加了较强的限制条件，虽然实现起来相对简单，却都严重损害了系统的性能。

在死锁的避免中，所施加的限制较弱，可以获得较好的系统性能。该方法把系统状态分为安全状态和不安全状态，只要能使系统始终处于安全状态，便可以避免死锁发生。

1. 利用银行家算法避免死锁

最具代表性的避免死锁的算法是 Dijkstra 的银行家算法。这是由于该算法能用于银行系统现金贷款的发放而得名。

（1）银行家算法采用的数据结构

银行家算法采用的数据结构有最大需求向量 Max、已分配资源向量 Allocation、还需资源向量 Need 和可用资源向量 Available。

最大需求向量 Max 是一个 N 行 M 列的二维数组，它定义了系统中 N 个进程中的每一个进程对 M 类资源的最大需求。如果 Max [I, J] $=K$，表示进程 I 需要 J 类资源的最大数目是 K 个。

已分配资源向量 Allocation 是一个 N 行 M 列的二维数组，它定义了系统中的每一类资源当前已分配给各进程的资源数。如果 Allocation [I, J] $=K$，表示进程 I 已分配到 J 类资源的数目是 K 个。

还需资源向量 Need 是一个 N 行 M 列的二维数组，它定义了系统中的每一个进程还需要的各类资源量。如果 Need [I, J] $=K$，表示进程 I 还需要 J 类资源的数目是 K 个。

可用资源向量 Available 是一个有 M 个元素的一维数组，其中每一个元素代表某一类资源的可分配数目，其初值是系统中所配置的全部可用资源数目。随着资源的分配和回收，其值会动态改变。如果 Available [J] $=K$，表示系统中目前还未分配的 J 类资源的数目是 K 个。

（2）银行家算法的处理步骤

①列出某一时刻的资源分配表。

②拿可用资源量与每一个进程的还需资源量进行比较，可用资源量不

少于还需资源量时，把资源分配给该进程。新的可用资源量为原有可用资源量加上该进程已分配的资源量。

③重复②，直到所有进程都运行完毕或系统可用资源量小于每一个剩余进程的还需资源量，即可判断能否获得一个安全资源分配序列。

2. 银行家算法举例

【例 2 - 7】假定系统中有 5 个进程 $P0$、$P1$、$P2$、$P3$、$P4$ 和 3 种类型的资源 A、B、C，每一种资源的数量分别为 10、5、7，利用银行家算法，判断是否有一个资源分配的安全序列。

表 2 - 6　【例 2 - 7】示例用表

进程	最大资源量	已分配资源量	还需资源量	可用资源量
$P0$	10　5　3	0　1　0	10　4　3	3　3　2
$P1$	3　2　2	2　0　0	1　2　2	
$P2$	9　0　2	3　0　2	6　0　0	
$P3$	2　2　2	2　1　1	0　1　1	
$P4$	4　3　3	0　0　2	4　3　1	

【解】系统可用的资源量为（3，3，2），根据银行家算法可以与每个进程的还需资源量进行比较、分配。

表 2 - 7　【例 2 - 7】解释用表

进程	最大资源量	已分配资源量	还需资源量	可用资源量
$P1$	3　2　2	2　0　0	1　2　2	3　3　2
$P3$	2　2　2	2　1　1	0　1　1	5　3　2
$P4$	4　3　3	0　0　2	4　3　1	7　4　3
$P2$	9　0　2	3　0　2	6　0　0	7　4　5
$P0$	10　5　3	0　1　0	10　4　3	10　4　7
				10　5　7

资源分配序列 $\{P1，P3，P4，P2，P0\}$ 是安全的。

（四）死锁检测与解除

当系统为进程分配资源时，如果没有采取任何限制措施，系统必须提供死锁的检测与解除机制。

1. 死锁的检测

在进行死锁的检测时，系统必须能保存有关资源的请求和分配的信息，并提供一种算法，以便利用这些信息来检测系统是否进入死锁状态。

（1）资源分配图

系统死锁可以利用资源分配图来描述。该图是由一组方框、圆圈和一组箭头线组成的，如图 2–12 所示。

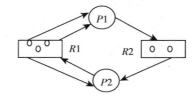

图 2–12　具有 4 个结点的资源分配图

资源分配图采用图素的含义分别是：

方框：表示资源。有几类资源就画几个方框，方框中的小圆圈表示该类资源的个数。当个数较大时可以在方框内用阿拉伯数字表示。

圆圈：表示进程。有几个进程就画几个圆圈，圆圈内标明进程名称。

箭头线：表示资源的分配与申请。由方框指向圆圈的箭头线表示资源的分配线，由圆圈指向方框的箭头线表示资源的请求线。

在图 2–12 中，$P1$ 进程已经获得了两个 $R1$ 资源，并请求一个 $R2$ 资源；$P2$ 进程已经获得了一个 $R2$ 资源和一个 $R1$ 资源，并请求一个 $R1$ 资源。

（2）死锁定理

在死锁检测时，可以利用简化资源分配图的方法来判断系统当前是否处于死锁状态。具体方法如下：

①在资源分配图中，找出一个既非阻塞又非孤立的进程结点 Pi。如果 Pi 可以获得其所需要的资源而继续运行，直至运行完毕，就可以释放其所占用的全部资源。这样，就可以把 Pi 所有关连的资源分配线和资源请求线消去，使之成为孤立的点。如图 2–13 所示。$P1$ 就是一个既非阻塞又非孤立的进程结点，消去其资源分配线和资源请求线，使 $P1$ 成为孤

立的点。

②重复进行上述操作。在一系列的简化后，如果消去了资源分配图中所有的箭头线，使所有进程结点都成为孤立结点，则称该资源分配图是可完全简化的；反之，则称该资源分配图是不可完全简化的。

如果当前系统状态对应的资源分配图是不可完全简化的，则系统处于死锁状态，该充分条件称为死锁定理。

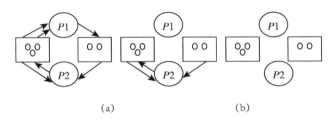

(a)　　　　　　　　　(b)

图 2－13　资源分配图的简化

2. 死锁的解除

当检测到系统发生死锁时，就必须立即把死锁状态解除，常用的方法是：

（1）剥夺资源法

从其他进程剥夺足够数量的资源给死锁进程，使其得到足够的资源，然后继续运行，以解除死锁状态。

（2）撤销进程法

系统采用强制手段将死锁进程撤销。最简单的方法是将全部死锁进程一次性撤销，但是代价较大；另一种方法是按照一定的算法，从死锁进程中一个一个地选择进行撤销，并同时剥夺这些进程的资源，直到死锁状态解除为止。

死锁就相当于失败，不愿其发生，却难以避免。我们在生活中也会遇到这样的问题，那该如何面对？是逃避、是放弃，还是勇往直前？

八、处理器管理新技术

从 20 世纪 60 年代提出进程概念后，操作系统中一直都是以进程作为资源分配与独立运行的基本单位。后来为了集中管理临界资源，引入了管程技术。到了 20 世纪 80 年代中期，人们又提出了比进程更小的能独立运行的基本单位——线程，用它来进一步提高系统的并发程度和吞吐量。进入 21 世纪，又提出了超线程技术和双核技术。本节主要介绍这些技术的基本知识。

（一）线程技术

1. 线程的引入

在操作系统中引入进程后，使得多个程序可以实现并发运行，改善了资源利用效率，提高了系统吞吐量。此时进程作为系统中的一个基本单位具有两个属性：一是，进程是资源分配和拥有的基本单位；二是，进程是一个可以独立调度和运行的基本单位。

进程的这两个基本属性构成了进程并发运行的基础，但是在进程的推进过程中，系统必须进行一系列的操作，如创建进程、撤销进程、切换进程等。

而在这些操作过程中，因为进程是一个资源的拥有者，所以系统要不断地进行资源的分配与回收、现场的保存与恢复等工作。系统要为此付出较大的时间与空间的开销。

由上所述，在系统中所设置的进程数目不能过多，进程切换的频率也不能过高，这就限制了系统并发程度的进一步提高。

如何能使进程更好地并发运行，同时又能尽量减少系统开销呢？一些学者设想将进程的两个属性分开，由操作系统分别处理，即只作为资源分配与拥有的单位，不再是调度和运行的基本单位，使之轻装前进；而对资源分配与拥有的基本单位，不进行频繁的切换处理，以减少系统开销。正是因为这种思想，产生了一个新的概念——线程。

2. 线程的概念

线程是进程中的一个实体，是被系统独立调度和运行的基本单位。线程自己基本上不拥有系统资源，只拥有一点在运行中必不可少的资源（如程序计数器、一组寄存器和栈），但是它可以与同属于一个进程的其他线程共享进程所拥有的全部资源。一个线程可以创建和撤销另一个线程，同一进程中的多个线程之间可以并发运行。线程之间也会相互制约，使其在运行中呈现异步性。因此，线程同样具有就绪、运行、等待三种基本状态。

3. 线程与进程的比较

线程具有许多传统进程的特征，所以又称为轻型进程。传统的进程称为重型进程，相当于只有一个线程的任务。在引入线程的操作系统中，通常一个进程拥有若干个线程，至少也有一个线程。线程与进程有些相似但又大不相同，下面从几个方面进行比较。

（1）调度

在原有的系统中，进程既是资源分配和拥有的基本单位，又是独立调度和运行的基本单位。在引入线程后，把线程作为是独立调度和运行的基本单位，而进程只作为资源分配和拥有的基本单位，把传统进程的两个属性分开，线程便能轻装前进，从而显著提高系统的并发程度。此时，在同一进程中，线程的切换不会引起进程的切换，而由一个进程中的线程切换到另一个进程中的线程时，将会同时引起进程的切换。

（2）并发

在引入线程的系统中，不仅进程之间可以并发运行，而且在一个进程中的多个线程之间，也可以并发运行，使系统具有更好的并发性，从而能更有效地使用系统资源和提高系统吞吐量。

（3）拥有资源

不论是传统的操作系统，还是引入线程的操作系统，进程都是资源分配和拥有的基本单位，而线程基本上不拥有系统资源（只有一些运行时必不可少的资源），但是，线程可以访问所属进程的所有资源。

（4）系统开销

系统在创建（或撤销）进程时，都要为之分配（或回收）大量的资源，如主存空间、I/O设备等。所以，在进程切换时，要进行复杂的现场保护和新环境的设置。因而，不管是进程的创建、撤销还是切换，对于进程的操作所付出的系统开销都远大于对于线程操作所付出的系统开销。

4. 线程的类型

（1）系统级线程

系统级线程是依赖于系统控制的，即无论是用户进程中的线程，还是系统进程中的线程，它们的创建、撤销与切换都是由系统控制实现的。在系统中保留了一张线程控制块，系统根据该线程控制块来感知线程的存在，并对线程进行控制。

（2）用户级线程

用户级线程是由用户控制的，对于用户级线程的创建、撤销与切换，都与系统控制无关，完全由用户自己管理。简单来说就是系统并不知道有用户级线程的存在，在系统中各种控制仍然是基于进程的。

（二）超线程技术

1. 超线程的概念

超线程技术是 Intel 在 2002 年发布的一项新技术，它率先在 Intel 的 XERON 处理器上得到应用。所谓超线程技术就是利用特殊的硬件指令，在一个实体处理器中放入两个逻辑处理单元，从而模拟成两个工作环境，让单个处理器能使用线程级的并行计算，同时处理多项任务，提升处理器资源的利用率。操作系统或应用软件的多个线程可以同时运行在一个处理器上，两个逻辑处理部件共享一组处理器运行单元，并行完成加、乘、负载等操作，这样就可以使运行性能提高 30%。原来的芯片每秒钟能够处理成千上万条指令，但是在任一时刻只能够对一条指令进行操作。而"超线程"技术可以使芯片同时运行多条指令，使芯片性能得到提升。简单地说，超线程技术就是把一个处理器当成多个处理器使用的技术。

2. 超线程的工作

超线程是同时多线程技术的一种，这种技术可经由复制处理器上的结构状态，让同一个处理器上的多个线程同步运行，并共享处理器的运行资源。

对支持多处理器功能的应用程序而言，超线程处理器被视为两个分离的逻辑处理器。应用程序无须修正就可以使用这两个逻辑处理器。同时，每个逻辑处理器都可以独立响应中断。第一个逻辑处理器可追踪一个软件线程，而第二个逻辑处理器则可以同时追踪另一个软件线程。由于两个线程共同使用同样的运行资源，因此不会产生一个线程运行而另一个线程闲置的状况。这种方式可以大大提升每个实体处理器中运行资源的使用率。

使用这项技术后，每个实体处理器可以成为两个逻辑处理器，让多线程的应用程序能在实体处理器上平行处理线程级的工作，提升了系统效率。随着应用程序针对平行处理技术的逐步优化，超线程技术为新功能及用户不断增长的需求提供了更大的改善空间。

最近，AMD 针对以往 Intel 的超线程技术，又提出了逆超线程技术。超线程技术是系统将一颗 CPU 看成两颗，而逆超线程技术是要将两个物理核心看作一颗，同时处理一项工作，以便在特定情况下提高速度。有兴趣的读者可以通过其他形式关注这方面的研究。

（三）双核技术

由于超线程技术是通过软件方法模拟出两个核心，所以模拟出来的两个核心是分享物理缓存的，从而使物理缓存大小减半。另外，因为超线程技术对多任务处理有优势。因此，当运行单线程应用软件时，超线程技术将会降低系统性能，尤其在多线程操作系统运行单线程软件时，将容易出现此问题。由此，产生了双核技术。

所谓双核技术，简单地说就是在一块 CPU 基板上集成两个处理器核心，并通过并行总线将各处理器核心连接起来的技术。双核心并不是一个新概念，只是单芯片多处理器中最基本、最简单、最容易实现的一种类型。

换言之，双核技术就是基于单个半导体的一个处理器上拥有两个一样功能的处理器核心的技术。这样就将两个物理处理器核心整合到一个核中。在任务繁重时，两个核心能够相互配合，让 CPU 发挥最大效力。两个能互补的核心运行起来，提高了系统的整体性能。例如使用 Intel 奔腾 D 双核处理器就相当于两台采用奔腾 4 的主机。

如果说超线程技术是通过软件模拟出双核的效果，那么现在所说的双核技术就是真正意义上的两个核心。它弥补了超线程技术适用系统比较少的缺点，可以广泛用于 Windows 操作系统的多个版本。它还有效地解决了双核运算中出现的缓存分离与数据冲突错误的问题。

目前，还出现了一种双 CPU 技术。前面所说的双核技术是在一个处理器里拥有两个处理器核心，核心是两个，但是其他硬件还都是一套，由两个核心在共同拥有。而双 CPU 则是真正意义上的双核心，不只是处理器核心是两个，其他如缓存等硬件配置也都是双份的。这样系统处理的效率会更高。

（四）四核技术

继双核处理器进入市场主流后，四核心处理器成为发烧市场和服务器领域的新旗舰。在 2006 年 11 月，英特尔率先发布四核架构的 Core 2 Quad 处理器，率先进入到四核心时代。与此同时，AMD 针锋相对也公开代号为"Altair"的四核 Opteron 处理器。与英特尔不同的是，AMD 直到 2007 年下半年才将其正式推向市场，整整比英特尔滞后了半年。英特尔是在生产双核 Core 2 Duo 处理器的基础上，将两个芯片封装在一起，成为四核心的 Core 2 Quad，这不仅能够保证很高的户品占有率，而且能够在生产出双核 Core 2 Duo 的同时拿出四核 Core 2 Quad。AMD Altair Opteron 的四核方案是在一枚芯片内集成了四个硬件内核，每个内核拥有独立的 512KB 二级缓存，这样 Altair Optiron 总共就有 2Mb 二级缓存。在此基础上 Altair Opteron 还拥有 2Mb 的共享三级缓存，这样各个核心缓存同步化就可通过共享的三级缓存进行。不难看出，Altair Opteron 的耦合程度非常紧密，四核协作效率优于双芯片的 Core 2 Quad。到 2007 年中期，英特尔推出代号为"Yorkfield"的 45 纳米四核处理器，它采用单芯片结构，并且共享高达 12Mb 容量的二级缓存，属于紧密耦合设计（也就是 AMD 所说的"真四核"），其性能将在 Kentsfield 基础上有大幅度的提升。因此，尽管 AMD 65 纳米的 Altair Opteron 拥有卓越的设计，但它要获得胜利并不容易。有关四核技术新的进展请参考相关文献。

第三章　存储器管理

存储器管理是操作系统的重要组成部分之一，负责管理计算机系统的存储器。存储器是计算机系统中的重要资源，它向 CPU 提供指令和数据。存储器的利用率直接影响 CPU 的工作效率，因此，存储器管理对于计算机系统的整体性能具有重大影响。

本章主要介绍存储器管理的基本概念以及各种存储器管理的方式，包括单一连续分配存储管理方式、分区（固定分区和可变分区）存储管理方式、分页存储管理方式、分段存储管理方式和虚拟存储管理方式等。

通过本章的学习使学生了解存储器管理的基本功能，掌握各种存储器管理方式的实现。

一、存储器管理概述

在计算机体系结构中，存储器是处理器处理信息的来源与归宿，占据着重要地位。存储器可分为主存储器（简称主存、内存）和辅助存储器（简称辅存、外存）。内存是可以被处理器直接访问的，用户作业的程序和数据必须读入内存才能运行，因此对内存管理的好坏直接关系到计算机系统工作性能的好坏。在操作系统中，管理内存的部分称为存储器管理。

内存空间一般分为两部分：一部分是系统区，用以存放操作系统常驻内存部分，用户不能占用这部分空间；另一部分是用户区，分配给用户使用，用于装入并存放用户程序和数据，这部分的信息随时都在发生变化。存储器管理实质上就是管理供用户使用的那部分空间。

（一）存储体系

任何一种存储设备都无法在速度与容量两个方面同时满足用户的需

求。为解决速度和容量之间的矛盾，各种存储设备组成了一个存储体系（图 3 - 1）。

在此存储体系中，包含了少量的速度快、昂贵、内容易变的高速缓存 Cache，中等速度、中等价格、内容易变的内存 RAM，以及容量大、内容不易变的磁盘。

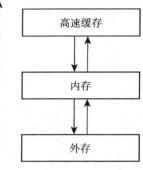

图 3 - 1 存储体系

在辅助硬件与操作系统的支持下，将快速存储设备和大容量存储设备构成统一的整体，由操作系统协调这些存储器的使用。

（二）存储器管理的主要功能

存储器管理必须合理地分配内存空间。为了有效利用内存空间，允许多个作业共享程序和数据。为了避免内存中的各进程相互干扰，还必须实现存储保护。同时，为了能在内存运行长度任意大小的进程，必须采用一定的方法"扩充"内存。

1. 内存的分配和回收

内存空间的分配是指采用一定的数据结构，按照一定的算法为每一道程序分配内存空间，并记录内存空间的使用情况和作业的分配情况。

内存空间的回收是指当一个作业运行结束后，必须归还所占用的内存空间，即在记录内存空间使用情况的数据结构中进行修改，并且把记录作业分配情况的数据结构删除。

2. 地址变换

在多道程序环境下，程序的逻辑地址与分配到主存的物理地址是不一致的。而 CPU 执行指令时，是按物理地址进行的，所以要进行地址转换，即将逻辑地址转换为物理地址。

3. 内存的共享

所谓内存共享是指两个或多个进程共用内存中相同的区域，这样不仅能使多道程序动态地共享内存，提高内存的利用率，而且还能共享内存中某个区域的信息。

4. 内存的保护

在多道程序系统中，内存中既有操作系统，又有许多用户进程。为使系统正常运行，避免内存中各进程相互干扰，必须对内存中的进程和数据进行保护。

内存保护的目的在于为多个进程共享内存提供保障，使内存中的各道程序只能访问它自己的区域，避免各道程序相互干扰。特别是当一道程序发生错误时，不至于影响其他进程的运行，更要防止破坏系统程序。

5. 内存的扩充

用户在编制程序时，不应该受到内存容量的限制，所以要采用一定的技术来"扩充"内存的容量，使用户得到比实际内存容量大得多的内存空间。

具体实现是在硬件支持下，软件、硬件相互合作，将内存和外存结合起来统一使用。通常是借助虚拟存储技术。

（三）地址变换

1. 逻辑地址

用户源程序经过编译后的每个目标模块都以 0 为基地址顺序编址，这种地址称为逻辑地址，也称为相对地址。

2. 物理地址

内存中各存储单元的编号称为物理地址，是程序运行时使用的地址，物理地址有时也称绝对地址。

在多道程序环境下，程序的逻辑地址与分配到内存的物理地址是不一致的。而 CPU 执行指令时是按物理地址进行的，所以要进行地址变换。即将逻辑地址转换为物理地址（也称为地址映射、地址重定位，即程序装入）。

3. 地址变换

地址变换有两种方式，一种是在用户程序装入内存时实现地址变换，称为静态重定位；另一种是在程序执行时实现地址变换，称为动态重定位。

①静态重定位。当用户程序被装入内存时，一次性实现逻辑地址到物理地址的变换，以后不再改变。一般是在装入内存时由重定位装入程序完成，它首先把目标程序获得的内存区域的起始地址 b 送入基地址寄存器，然后在装入时把程序的所有地址翻译成该基地址的相对地址，即：$f(a)=b+a$。

其中，a 是地址空间中的任一逻辑地址，$f(a)$ 是 a 所对应的物理地址。如图 3-2 所示。

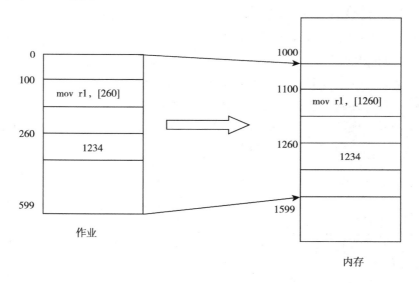

图 3-2　静态重定位示意图

②动态重定位。在程序执行过程中需要访问数据时再进行地址变换，即逐条指令执行时完成地址变换。一般为了提高效率，此工作由硬件地址映射机制来完成。通常采用的办法是利用一个重定位寄存器（R），在程序装入时，将其内存空间的起始地址 b 送入 R。在程序执行过程中，一旦遇到要访问地址的指令时，硬件便自动将其中的访问地址加上 R 的内容形成实际物理地址，然后按该地址执行。

动态重定位方式如图3-3所示。

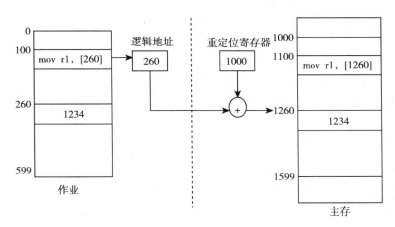

图3-3　动态重定位示意图

　　与静态重定位相比，动态重定位的优点是显而易见的，因此现代计算机系统中主要采用动态重定位方法。

（四）各种存储管理方式

　　对内存的存储管理方式，根据是否把作业全部装入，全部装入后是否分配到一个连续的存储区域，可以分为如图3-4所示的几种管理方式。

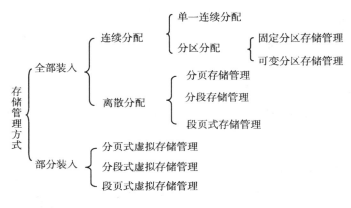

图3-4　内存存储管理方式

二、单一连续分配管理方式

单一连续分配存储管理方式是最早出现的一种存储管理方式，管理方法简单。在这种管理方式下，内存被分为两个连续的存储区域，操作系统占有其中一部分，另一部分给用户作业使用。

（一）基本原理

在单用户连续存储管理方式下，内存中仅驻留一道程序，整个用户区被一个用户独占。当用户作业空间大于用户区时，该作业不能装入。而用户作业空间小于用户区时，剩余的一部分空间实际上被浪费掉了。在这种管理方式下，存储器利用率极低，仅能用于单用户单任务的操作系统，不能用于多用户系统和单用户多任务系统中。

单用户连续存储管理方式主要用于早期单道批处理系统（那时的操作系统有简单的监督程序执行 I/O 控制程序），和 20 世纪 80 年代发展起来的个人计算机系统。例如 DOS 2.0 以下的 DOS 操作系统就是采用这种管理方式。

采用单用户存储管理方式具有以下特点：

• 管理简单。它把内存分为两个区，用户区一次只能装入一个完整的作业，且占用一个连续的存储空间。它需要很少的软硬件支持，且便于用户了解和使用。

• 在内存中的作业不必考虑移动的问题，并且内存的回收不需要任何操作。

• 资源利用率低。不管用户区有多大，它一次只能装入一个作业，这样造成了存储空间的浪费，使系统整体资源利用率不高。

• 这种分配方式不支持虚拟存储器的实现。

（二）内存空间的分配

在单一连续分配存储管理方式下，任何时刻内存中最多只有一个作业，适合于单道运行的计算机系统。采用这种存储管理方式时，内存分为两个分区。

- 系统区。系统区是仅提供给操作系统使用的内存区，通常驻留在内存的低地址部分。
- 用户区。用户区是指除系统区以外的内存空间，提供给用户使用。

等待装入内存的作业排成一个作业队列，当内存中无作业或一个作业执行结束，允许作业队列中的一个作业装入内存。其分配过程是：首先，从作业队列中取出队首作业；判断作业的大小是否大于用户区的大小，若大于用户区的大小则作业不能装入，否则，可以把作业装入用户区。它一次只能装入一个作业。

（三）地址变换与存储保护

1. 地址变换

单一连续分配存储管理方式下，内存空间采用静态分配方式。作业一旦进入内存，就要等到它执行结束后才能释放内存。因此，在作业被装入内存时，一次性完成地址转换。

采用这种管理方式时，处理器设置两个寄存器：界限寄存器和基地址寄存器。界限寄存器用来存放内存用户区的长度，基地址寄存器用来存放用户区的起始地址。一般情况下这两个寄存器的内容是不变的，只有当操作系统占有的存储区域改变时才会改变。其转换过程如图3-5所示。

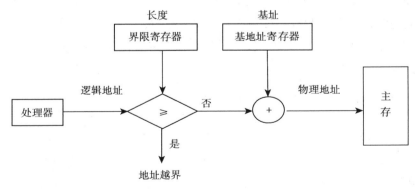

图3-5　单用户存储管理的地址转换

地址转换过程是：

（1）处理器在执行用户程序指令时，检查不等式：逻辑地址≥界限地址。

（2）如果成立，产生一个"地址越界"中断事件，暂停程序执行，由操作系统处理，以达到存储保护的目的。

（3）否则，就与基地址寄存器中的基址相加，得到物理地址，对应于内存中的一个存储单元。

2. 存储保护

单用户连续存储管理方式下，处理器在执行指令时，通过比较逻辑地址和界限寄存器的值来控制产生"地址越界"中断信号，以达到存储保护的目的。

在硬件方面，常见的几种单用户操作系统中，如 CP/M、MS‐DOS及 RT‐11 等，都未设置存储器保护设施。主要原因在于：

• 内存由用户独占，不可能存在受其他用户程序干扰的问题；

• 可能出现的破坏行为也只是由用户程序自己去破坏操作系统，其后果并不严重，只是影响该用户程序的运行；

• 用户程序也很容易通过系统的再启动而重新装入内存。

三、分区存储管理方式

单用户存储管理方式每次只能允许一个作业在内存运行，当内存较大且作业较小时，单用户存储管理方式对内存空间的浪费太大。那么如何让内存可以同时装入多个作业呢？可以把内存划分成若干个连续区域，称为分区，每个用户占有一个。分区存储管理是为了适应多道程序设计技术而产生的最简单的存储管理方式，分区的方式可以归纳成固定分区和可变分区两类。

（一）固定分区存储管理方式

1. 基本原理

固定分区是指系统预先把内存中的用户区划分成若干个固定大小的连续区域。每一个区域称为一个分区，每个分区可以装入一个作业，一个作业也只能装入一个分区中，这样就可以装入多个作业，使它们并发执行。

分区的划分方式有以下两种：

（1）分区大小相等。这种情况的缺点是明显的，当程序太小时，会造成内存空间的浪费；当程序太大时，可能因为分区的大小不足以装入该程序而使之无法运行。尽管如此，这种所有分区大小相等的划分方式仍被采用，它主要用于利用一台计算机控制多个相同对象的场合，因为这些对象所需的内存空间是相同的。例如，炉温控制系统，是利用一台计算机控制多台相同的冶炼炉。

（2）分区大小不等。为了克服分区大小相等所带来的缺点，可在内存中划分出多个较小的分区，适量的中等分区及少量的大分区。对于小程序，可为之分配小分区，这样，当大、中程序到来时，就可以找到大的分区，使之装入并运行。

2. 分区分配表

在固定分区存储管理方式下，为了记录各个分区的使用情况，方便内存空间的分配与回收操作，通常要为分区建立一张表（图 3-6）。

固定分区分配表

区号	大小	起始地址	状态
1	8KB	16KB	J1
2	16KB	32KB	0
3	32KB	40KB	J2
4	64KB	72KB	0
…	…	…	…

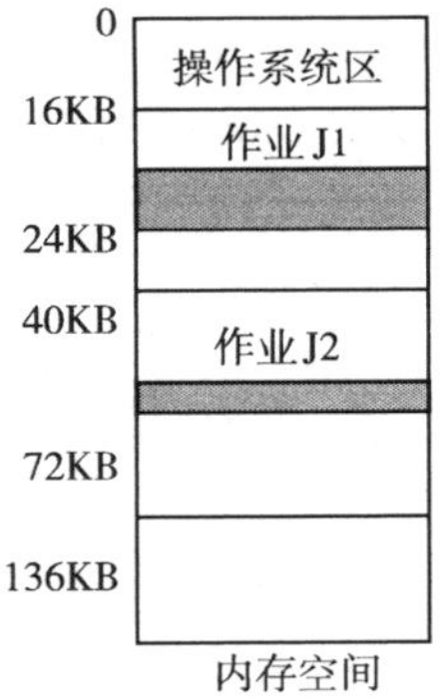

图 3-6　固定分区分配表和内存的分配状态图

因为在作业装入之前，主存中的分区大小和个数已经确定，也就是说分区分配表的记录个数是确定的。所以，分区分配表一般采用顺序存储方式，即用数组存储。

3. 地址变换

由于固定分区方式是预先把内存划分成若干个区，每个分区只能放一个作业，因此作业在执行过程中不会改变分区的个数和大小。所以，地址转换采用静态重定位方式，即在作业被装入内存时，一次性完成地址变换。

在固定分区存储管理方式下，处理器设置两个寄存器：下限寄存器和上限寄存器。下限寄存器用来存放分区的低地址，即起始地址；上限寄存器用来存放分区的高地址，即末地址。一般情况下这两个寄存器的内容是随着处理作业的不同而改变的，它们从分区分配表中获取该分区的起始地址和末地址（起始地址＋分区大小－1）。

地址转换过程是：CPU 获得的逻辑地址首先与下限寄存器的值相加，产生物理地址；然后与上限寄存器的值比较，若大于上限寄存器的值，产生"地址越界"中断信号，由相应的中断处理程序处理；若不大于上限寄存器的值，则该物理地址就是合法地址，它对应于内存中的一个存储单元。

【例 3-1】在某系统中采用固定分区分配管理方式，内存分区（单位字节）情况如图 3-7（a）所示。现有大小为 1KB、9KB、33KB、121KB 的多个作业要求进入内存，试画出它们进入内存后的空间分配情况，并说明内存浪费有多大？

【解】采用固定分区存储管理方式，作业进入系统后的分配情况如图 3-7（b）所示，内存浪费 512KB－20KB－（1KB＋9KB＋33KB＋121KB)＝328KB。

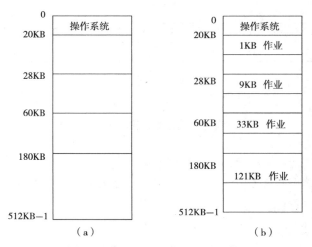

图 3-7　作业进入系统后的分配情况

（二）可变分区存储管理方式

在固定分区存储管理方式中，对于内存的分区大小是固定的。这样很容易造成小作业空间分配对内存空间的浪费。为了让分区的大小与作业的大小相一致，可以采取可变分区存储管理方式。

1. 基本原理

可变分区是指系统不预先划分固定区域，而是在作业装入时根据作业的实际需要动态地划分内存空间。

系统在作业装入内存执行之前并不建立分区，当要装入一个作业时，根据作业需要的内存量查看内存中是否有足够的空间，若有，则按需要量分割一个分区分配给该作业；若无，则令该作业等待内存空间。由于分区的大小是按作业的实际需要量来定的，且分区的个数也是随机的，所以可以克服固定分区方式中的内存空间的浪费，有利于多道程序设计，实现了多个作业对内存的共享，进一步提高了内存资源利用率。

随着作业的装入、撤离，内存空间被分成许多个分区，有的分区被作业占用，而有的分区是空闲的。当一个新的作业要求装入时，必须找一个足够大的空闲区，把作业装入该区，如果找到的空闲区大于作业需要量，则作业装入后又把原来的空闲区分成两部分，一部分被作业占用了；而另一部分又成为一个较小的空闲区。当一个作业运行结束撤离时，它归还

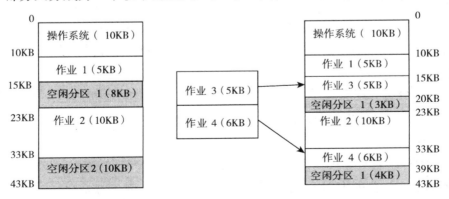

图 3-8 可变分区存储管理方式

的区域如果与其他空闲区相邻，则可合成一个较大的空闲区（图3-8）。

2. 采用的数据结构

在可变分区存储管理方式中，内存中分区的数目和大小随作业的执行而不断改变。为了实现分区分配，系统中必须配置相应的数据结构，用来记录内存的使用情况，包括空闲分区的情况和使用分区的情况，为作业分配内存空间提供依据。为此设置了两个表，即已分分区表和空闲分区表，如表3-1和表3-2所示。

表3-1 已分分区表

序号	大小	起始地址	状态
1	10KB	30KB	作业1
2	25KB	65KB	作业2
3	—	—	空表目
4	150KB	120KB	作业3
5	…	…	…

表3-2 空闲分区表

序号	大小	起始地址	状态
1	25KB	40KB	可用
2	60KB	90KB	可用
3	—	—	空表目
4	—	—	空表目
5	…	…	…

①已分分区表。记录当前已经分配给用户作业的内存分区，包括分区序号、分区大小、起始地址和状态。

②空闲分区表。记录当前内存中空闲分区的情况，包括空闲分区序号、分区大小、起始地址和状态。

空闲分区表也可以组织成链表的形式，叫空闲分区链。

因为已分分区表和空闲分区表中记录的个数是随着内存的分配与回收而变化的，所以这两个表一般采用链表的形式存储，链表中的数据域记录相关的信息。

3. 分区分配算法

为把一个新作业装入内存，需按照一定的分配算法，从空闲分区表或空闲分区链中选出一分区分配给该作业。目前常用以下4种分配算法：

①首次适应算法（FF）。首次适应算法也叫最先适应算法，要求空闲分区表中的记录按地址递增的顺序排列。每次分配时，总是顺序查找空闲分区表，找到第一个能满足长度要求的空闲分区。分割这个空闲分区，一

部分分配给作业，另一部分仍为空闲分区。

首次适应算法的优点：优先利用内存中低址部分的空闲分区，在高址部分的空闲区很少被利用，从而保留了高址部分的大空闲区，为以后到达的大作业分配大的内存空间创造了条件。

首次适应算法缺点：低址部分不断被划分，致使留下许多难以利用的很小的空闲分区，即内存"碎片"。而每次查找又都是从低址部分开始，这无疑增加了查找可用空闲分区的开销。

②循环首次适应算法。为了减少内存碎片产生的速度，把最先适应法分配改造为循环首次适应算法。

循环首次适应算法要求空闲分区表的记录仍然按地址递增的顺序排列。每次分配时，是从上次分配的空闲区的下一条记录开始顺序查找空闲分区表，最后一条记录不能满足要求时，再从第 1 条记录开始比较，找到第一个能满足作业长度要求的空闲分区，分割这个空闲分区，装入作业。否则，作业不能装入。

循环首次适应算法优点：能使内存中的空闲分区分布得更均匀，减少查找空闲分区的开销。

循环首次适应算法缺点：缺乏大的空闲分区。

③最佳适应算法（BF）。最佳适应算法也叫最优适应算法，要求把空闲分区按长度递增次序登记在空闲分区表中。每次分配时，可以从所有的空闲分区中挑选一个能满足作业要求的最小空闲区进行分配。这样可以保证不去分割一个更大的空闲区，使装入大作业时比较容易得到满足。

最佳适应算法优点：解决了大作业的分配问题。

最佳适应算法缺点：容易产生内存碎片，如果找出的分区正好满足要求则是最合适的了，如果比所要求的略大则分割后剩下的空闲区就很小，以致无法使用。另外，按这种方法，在回收一个分区时也必须对分配表或链表重新排列，这样就增加了系统开销。

④最差适应算法（WF）。最差适应算法也叫最坏适应算法，要求把空闲区按长度递减的次序登记在空闲分区表中。每次分配时，总是挑选一个最大的空闲区，分割一部分给作业使用，使剩下的部分不至于太小而成

为内存碎片。

最差适应算法优点：不会产生过多的碎片。

最差适应算法缺点：影响大作业的分配。另外收回内存时，要按长度递减的顺序插入到空闲分区表中，增加了系统开销。

从搜索速度和回收过程上看，首次适应算法具有最佳性能；在空间利用上，首次适应算法比最佳适应算法好，最佳适应算法又比最差适应算法好；最佳适应算法找到的空闲区是最佳的，但在某些情况下，不一定能提高内存的利用率。首次适应算法的另一个优点是尽可能地利用了低地址空间，从而保证高地址有较大的空闲区来放置较大的作业。最差适应算法由于过多地分割大的空闲区，当遇到较大作业申请时，很可能无法满足其申请，该算法对中、小作业比较有利。因此，在实际系统中，首次适应算法用得最多。

4. 分区的回收

当一个作业运行结束后，在已分分区表中找到该作业，根据该作业所占内存的始址和大小，去修改空闲分区表相应的记录。其修改情况分为四种，如图 3-9 所示（斜线部分为被作业占有的内存区域）。

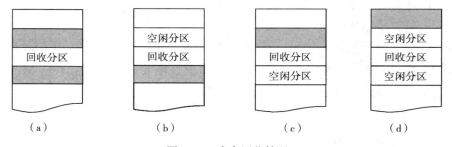

（a）　　　　　（b）　　　　　（c）　　　　　（d）

图 3-9　内存回收情况

①回收的分区前后没有相邻的空闲分区。在空闲分区表中要增加一条记录，该记录的始址和大小即为回收分区的始址和大小。如图 3-9（a）所示。

②回收分区的前面有相邻的空闲区。在空闲分区表中找到这个空闲分区（查找的方法是比较空闲分区的始址＋空闲分区的大小与回收分区的始

址是否相等），修改这个空闲分区的大小，即加上回收分区的大小，始址不变。如图 3-9（b）所示。

③回收分区的后面有相邻的空闲分区。在空闲分区表中找到这个空闲分区（查找的方法是回收分区的始址＋回收分区的大小与空闲分区的始址比较是否相等），修改这个空闲分区的始址和大小。始址为回收分区的始址，大小为回收分区的大小与空闲分区的大小之和。如图 3-9（c）所示。

④回收分区的前后都有相邻的空闲分区。在空闲分区表中找到这两个空闲分区，修改前面相邻的空闲区的大小，其始址不变。大小改为相邻两个空闲分区和回收分区的大小之和，然后从空闲分区表中删除后一个相邻空闲分区的记录。如图 3-9（d）所示。

【例 3-2】内存有两个空闲区 F1，F2，如图 3-10（a）所示。F1 为 220KB，F2 为 120KB，另外依次有 J1，J2，J3 三个作业请求加载运行，它们的内存需求量分别是 40KB，160KB，100KB，试比较首次适应算法、最佳适应算法和最差适应算法的性能。

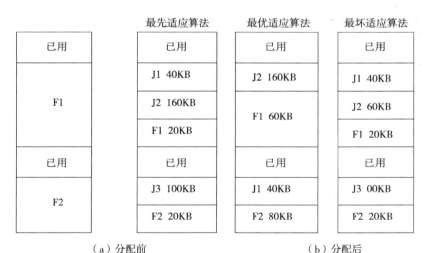

图 3-10 【例 3-2】所用图示

【解】在首次适应算法和最差适应算法中可以给所有作业分配空间，在最佳适应算法中，还有作业 J3 不能分配，如图 3-10（b）所示。

【例3-3】表3-3给出了某系统中的空闲分区表，系统采用可变式分区存储管理策略。现有以下作业序列：96KB、20KB、200KB。若用首次适应算法和最佳适应算法来处理这个作业序列，试问哪一种算法可以满足该作业序列的请求，为什么？

表3-3　【例3-3】所用空闲分区表

序号	大小	起始地址	状态
1	32KB	100KB	可用
2	10KB	150KB	可用
3	5KB	200KB	可用
4	218KB	220KB	可用
5	96KB	530KB	可用

【解】（1）按首次适应算法分配内存

作业96KB被分配到第4个分区（假设在已分分区表中的分区序号为3），作业20KB被分配到第1个分区，作业200KB没有足够的空间不能分配。已分分区表和空闲分区表的情况如表3-4、表3-5所示。

表3-4　例3-3（1）的已分分区表

序号	大小	起始地址	状态
1	⋯	⋯	⋯
2	⋯	⋯	⋯
3	96KB	220KB	作业1
4	20KB	100KB	作业2

表3-5　例3-3（1）的空闲分区表

序号	大小	起始地址	状态
1	12KB	120KB	可用
2	10KB	150KB	可用
3	5KB	200KB	可用
4	122KB	316KB	可用
5	96KB	530KB	可用

（2）按最佳适应算法分配内存

作业96KB被分配到第5个分区（假设在已分分区表中的分区序号为3），作业20KB被分配到第1个分区，作业200KB被分配到第4个分区。在这种分配方式下，三个作业可以全部装入，满足作业序列的请求。其已分分区表和空闲分区表的情况如3-6、表3-7所示。

表3-6　例3-3（2）的已分分区表

序号	大小	起始地址	状态
1	…	…	…
2	…	…	…
3	96KB	530KB	作业1
4	20KB	100KB	作业2
5	200KB	220KB	作业3

表3-7　例3-3（2）的空闲分区表

序号	大小	起始地址	状态
1	5KB	200KB	可用
2	10KB	150KB	可用
3	12KB	120KB	可用
4	18KB	420KB	可用
5	—	—	空表目

5. 地址变换与存储保护

（1）地址变换

因为空闲分区的个数和大小以及作业的个数和大小都不能预先确定，所以，可变分区存储管理方式一般采用动态重定位方式装入作业。它需要设置硬件地址转变机构：两个专用寄存器（即基址寄存器和限长寄存器）以及一些加法、比较电路。地址转换过程如下：

①当作业占用处理器时，进程调度把该作业所占分区的起始地址送入基址寄存器，把作业所占分区的最大地址送入限长寄存器。

②作业执行过程中，处理器每执行一条指令，都要由硬件的地址转换机构把逻辑地址转换成物理地址。

③当取出一条指令后，把该指令中的逻辑地址与基址寄存器内容相加得到物理地址，该物理地址必须满足：物理地址≤限长寄存器的值。此时允许指令访问内存单元的地址，否则产生"地址越界"中断，不允许访问。

基址寄存器和限长寄存器总是存放占用处理器的作业所占分区的始址和末址。一个作业让出处理器时，应先把这两个寄存器的内容保存到该作业所对应进程的PCB中，然后再把新作业所占分区的始址和末址存入这两个专用寄存器中。

（2）存储保护

系统设置了一对寄存器，称为"基址寄存器"和"限长寄存器"，用它记录当前在CPU中运行作业在内存中所占分区的始址和末址。当处理器执行该作业的指令时必须核对表达式"始址≤绝对地址≤末址"是否成立。若成立，就执行该指令，否则就产生"地址越界"中断信号，停止执行该指令。运行的作业在让出处理器时，调度程序选择另一个可运行的作业，同时修改当前运行作业的分区号和基址寄存器、限长寄存器的内容，以保证处理器能控制作业在所在的分区内正常运行。

（三）紧凑技术

随着作业的装入、撤离，内存空间被分成许多个分区，也造成较多的内存"碎片"。而在连续分配内存的方式中，必须把一个系统程序或用户程序装入到一个连续的内存空间。如果在系统中有若干个小的分区，其总容量大于要装入的程序，但由于它们不邻接，该程序也不能装入内存。

为了解决碎片问题，可采用的一种方法是将内存中的所有作业进行移动，使它们相邻接。这样，原来分散的多个内存碎片便拼接成了一个大的空闲分区，从而可以把作业装入运行。这种通过移动，把多个分散的小分区拼接成大分区的方法称为"紧凑"或"拼接"（也称为"合并"或"移动"）。

在移动时，虽可汇集内存的空闲区，但也增加了系统的开销。而且移动是有条件的，当作业不与外围设备交换信息时，可以移动，否则不能移动。由于经过移动后的用户程序在内存中的位置发生了变化，若不对程序和数据的地址进行相应修改（变换），程序将无法执行。

【例 3-4】某系统内存的分配情况如图 3-11（a），系统采用可变式分区存储管理策略。现有大小为 100KB 的作业请求加载运行。若用首次适应算法来处理这个作业，能否满足该作业的请求？假设作业 1、作业 2、作业 3 没有和外围设备交换信息，可以采用什么方法解决？

【解】用首次适应算法给 100KB 的作业分配空间，内存的空闲区大小分别为：20KB、50KB、40KB。作业不能分配。

由于作业 1、作业 2、作业 3 没有和外围设备交换信息，可以采用紧凑技术，如图 3-11（b）所示。移动之后，空闲区大小为 110KB，可以分配作业，如图 3-11（c）所示。

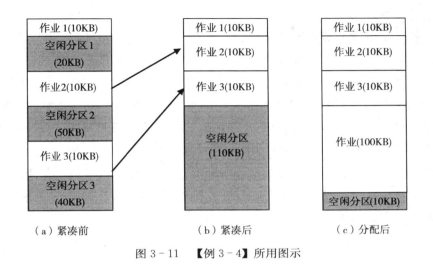

（a）紧凑前　　　　　（b）紧凑后　　　　　（c）分配后

图 3 - 11　【例 3 - 4】所用图示

四、覆盖技术与对换技术

　　单用户连续存储方式和分区存储方式对作业大小都有严格的限制。当作业要求运行时，系统将作业的全部信息一次装入内存并一直驻留内存直至运行结束。当作业的大小大于内存可用空间时，该作业就无法运行。这些管理方案限制了在计算机系统上开发较大程序的可能。覆盖与交换是解决大作业与小内存矛盾的 2 种存储管理技术，它们实质上对内存进行了逻辑扩充。

（一）覆盖技术

　　所谓覆盖，是指同一内存区可以被不同的程序段重复使用。通常一个作业由若干个功能上相互独立的程序段组成，作业在一次运行时，也只用到其中的几段，利用这样一个事实，我们就可以让那些不会同时执行的程序段共用同一个内存区。因此，我们把可以相互覆盖的程序段叫作覆盖。而把可共享的主存区叫作覆盖区。为此，我们把程序执行时并不要求同时装入内存的覆盖组成一组，叫覆盖段，并分配同一个内存区。这样，覆盖段与覆盖区一一对应。

覆盖的基本原理可用图3-12的例子说明。作业J由6段组成，图中的（a）给出了各段之间的逻辑关系。由图中的调用关系不难看出，主程序A是一个独立的段，它调用子程序B和C，且子程序B与C是互斥的两个段，在子程序B执行过程中，它调用子程序D，而子程序C执行过程中它又调用子程序E和F，显然子程序E和F也是互斥的。因此我们可以为作业J建立如图3-12（b）所示的覆盖结构：主程序段是作业J的常驻主存段，而其余部分组成覆盖段。根据上述分析，子程序B和C组成覆盖段0，子程序D、E和F组成覆盖段1，为了实现真正覆盖，相应的覆盖区应为每个覆盖段中最大覆盖的大小，于是形成图3-12（b）所示的内存分配。这样，虽然该作业所要求的内存空间是A（20KB）＋B（50KB）＋C（30KB）＋D（30KB）＋E（20KB）＋F（40KB）＝190KB，但由于采用了覆盖技术，只需110KB的内存空间即可开始执行。

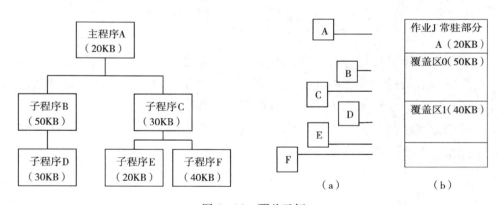

图3-12　覆盖示例

覆盖技术的关键是提供正确的覆盖结构。通常，一个作业的覆盖结构要求编程人员事先给出，对于一个规模较大或比较复杂的程序来说是难以分析和建立它的覆盖结构的。因此，通常覆盖技术主要用于系统程序的内存管理上。例如，磁盘操作系统分为2部分，一部分是操作系统中经常用到的基本部分，它们常驻内存，已占有固定区域。另一部分是不经常用的部分，它们放在磁盘上，当调用时才被装入内存覆盖区中运行。

覆盖技术的主要特点是打破了必须将一个作业的全部信息装入内存后才能运行的限制。在一定程度上解决了小内存运行大作业的矛盾。

（二）对换技术

在多道程序环境下，一方面是内存中的某些进程由于某事件尚未发生而被阻塞，无法正常运行，却仍然占据着大量的内存空间，有时甚至会使在内存中的所有进程都被阻塞，而迫使 CPU 停下来等待；另一方面是在外存上尚有许多进程，因无内存空间而不能进入内存运行。显然，这对系统资源是一种严重的浪费，且使系统吞吐量下降。为了解决这一问题，在系统中又增设了对换（也称交换）技术。

所谓"对换"，是指把内存中暂时不能运行的进程或暂时不用的程序和数据换出到外存上，把已具备运行条件的进程或进程所需要的程序或数据换入到内存的技术。它是提高内存利用率的有效措施。对换技术现在已被广泛应用于操作系统中。

对换有两种方式，如果对换是以整个进程为单位，便称之为"整体对换"或"进程对换"，这种对换被广泛应用于分时系统中，其目的是解决内存紧张问题，并可进一步提高内存的利用率；如果对换是以"页"或"段"为单位进行的，则分别称之为"页面对换"或"分段对换"，又统称为"部分对换"，这种对换方法是实现请求分页或请求分段式存储管理的基础，其目的是为了支持虚拟存储系统。

同覆盖技术一样，对换技术也是利用外存来逻辑地扩充内存。它的主要特点是打破了一个程序一旦进入内存便一直运行到结束的限制。

五、分页存储管理方式

连续分配方式会形成许多"碎片"，虽然可通过"紧凑"方法将碎片拼接成可用的大块空间，但需为之付出很大开销。如果允许将一个作业直接分散地分配到许多不相邻接的分区中，就不必再进行"紧凑"，基于这一思想产生了内存的离散分配方式。

根据离散分配时所用基本单位的不同，又可把离散分配方式分为页式存储管理方式、段式存储管理方式和段页式存储管理方式。本节主要介绍分页存储管理方式。

（一）基本原理

（1）内存空间划分

页式存储管理将内存空间划分成等长的若干个区域，称为物理块或页框。内存的所有物理块从 0 开始编号，称作物理块号；每个物理块内亦从 0 开始依次编址，称为块内地址。

（2）作业空间划分

系统将用户作业地址空间按照物理块大小也划分成若干个区域，称为页面或页。各个页面也是从 0 开始依次编号，称作逻辑页号；每个页面内也从 0 开始编址，称为页内地址。因此逻辑地址由页号和页内地址两部分组成，如图 3-13 所示。

图 3-13　分页系统的逻辑地址

（3）内存分配

在分配存储空间时，总是以块为单位，按照作业的页数分配物理块。分配的物理块可以连续也可以不连续。由于作业的最后一页经常装不满一块而形成不可利用的碎片，称为"页内碎片"。

（4）页面大小

在确定页面大小时，若选择的页面较小，一方面可使内存碎片小，并减少了内存碎片的总空间，有利于提高内存的利用率。但另一方面，也会使每个进程要求较多的页面，从而导致页表过长，占用大量内存空间，此外，还会降低页面换进换出的效率。若选择的页面较大，虽然可以减少页表长度，提高换进换出效率，但却又会使页内碎片增大。因此，页面的大小要适中。通常页面的大小是 2 的整数次幂，且常在 29～213 之间，即在 512B～8KB 之间。

【例 3-5】设一页式存储管理系统向用户提供逻辑地址空间最大为 16 页，每页 2 048 字节，内存总共有 8 个存储块，试问逻辑地址应为多少位？内存空间有多大？

【解】页式存储管理系统中的逻辑地址结构为：页号＋页内地址。在本题中，由于每页为 2 048 字节，所以页内地址部分需要占据 11 个二进制位；逻辑地址空间最大为 16 页，页号部分地址需要占据 4 个二进制位。故逻辑地址至少为 11＋4＝15 位。

由于内存共有 8 个存储块，在页式存储管理系统中，存储块大小与页面的大小相等。因此，内存空间为 16KB。

（二）页表

在分页式存储管理系统中，允许将作业的每一页离散地存储在内存的任一物理块中。但系统应能保证作业的正确运行，即能在内存中找到每个页面所对应的物理块。为此，系统又为每个作业建立了一张页面映射表，简称页表。页表的一般格式如表 3-8 所示。页表给出逻辑地址中的页号与内存块号的对应关系。在配置了页表后，当作业执行时，通过查找页表，可找到每页在内存中的物理块号。可见，页表的作用是实现从页号到块号的地址映射。

表 3-8　页表

页号	块号
0	2
1	5
…	…

从用户角度看，用户使用的依然是一维的逻辑空间，与使用分区管理没有什么两样。页的划分完全是一种系统硬件行为。页划分后，作业的逻辑地址变为页号和页内地址。

（三）地址变换

为了能将用户地址空间中的逻辑地址变换为内存空间中的物理地址，在系统中必须设置地址变换机构。该机构的基本任务是实现逻辑地址到物理地址的转换。由于页内地址和物理块内地址是一一对应的，例如，对于页长（即页面大小）是 1KB 的页内地址是从 0～1 023，其相应的物理块内的地址也是从 0～1 023，无需再进行转换。因此，地址转换机构的任务，实际上只是将逻辑地址中的页号转换为内存中的物理块号。

由逻辑地址计算出页号和页内地址的计算方法为：页号＝逻辑地址/页长（商）；页内地址＝逻辑地址 mod 页长（余数）。由块号计算物理地址的计算方法为：物理地址＝块号×块长＋块内地址。

其中，块长等于页长，块内地址等于页内地址。

在分页式存储管理方式中，页表的作用就是实现从页号到物理块号的变换，因此，地址变换任务是借助页表来完成的。

分页式地址变换过程如图 3-14 所示，假设页面大小为 1KB。

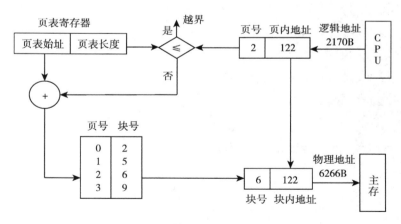

图 3-14　分页系统的地址变换

【例 3-6】在一个分页式存储管理系统中，页面大小为 1KB，假定页号 0，1，2，3 分别对应 3，4，9，7 块，现有一逻辑地址（页号为 2，页内地址为 20），试计算相应的物理地址。

【解】从逻辑地址中取出页号 2，从页表中取出该页的块号 9，因页内地址为 20，所以块内地址也是 20。根据物理地址的计算公式可得：

物理地址＝块号×块长＋块内地址＝9×1 024＋20＝9 236

（四）对页式存储管理的改进

由于页表是存放在内存中的，CPU 在存取数据时，就要访问内存两次。第一次是访问内存中的页表，从中找出指定页的物理块号，将此块号与页内地址拼接形成物理地址。第二次是根据上一步得到的地址，到内存中获取数据。这样，就使计算机的处理速度降低了。

为了提高处理速度，可以采用快表和两级页表的方法对页式存储管理进行改进。

1. 快表

为了提高地址转换速度，可以在地址转换机构中增设一个具有并行查询能力的特殊高速缓冲寄存器，用来存放页表的一部分。我们把存放在高速缓冲寄存器中的页表叫作快表，快表的结构和页表一样。这个高速缓冲寄存器又叫作联想寄存器。

采用快表的地址转换过程是：在 CPU 给出逻辑地址后，由地址转换机构自动地将页号送入高速缓冲存储器，与快表中的所有页号进行比较。若快表中有要处理的页号，则从快表中取出所对应的块号；若快表中无要处理的页号，再访问内存，到页表中查找，把物理块号送到地址寄存器，并把此表项存入快表的一个存储单元中。

联想寄存器的存取速度比内存高，但其造价也高，因此容量不宜太大，通常只存放 16～512 个页表项，但是仍然可以大大提高程序的执行速度。

系统为每个作业建立一个内存页表，但只设置一个公共快表，当前正在执行哪个作业，快表就描述哪个作业的页表。由于快表一般小于页表，所以快表中保存当前作业经常要访问的那些页。经验表明，当快表由 8 个单元组成时，命中率就达 85％，当增值 12 和 16 个单元时，命中率可高达 93％和 97％，这种效果相当可观。

具有快表的地址转换如图 3－15 所示。

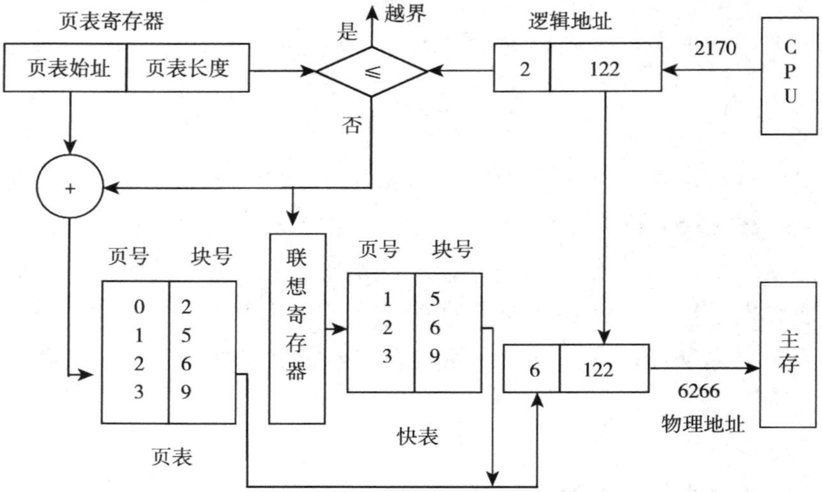

图 3－15 具有快表的地址变换

2. 两级页表

现代计算机已普遍使用 32 位或 64 位虚拟地址，可以支持 $2^{32} \sim 2^{64}$ 容量的逻辑地址空间，采用页式存储管理时，页表会相当大。若每页大小 4KB，则需要 1MB 个页表项，每个页表项占 4B，页表需要占用内存 4MB。系统存放页表是需要连续的内存空间的，而找到较大的连续内存空间存放页表是比较困难的。为此，可采用将页表再进行分页的办法，使每个页面的大小与内存物理块的大小相同，并为它们进行编号，即依次为 0 页，1 页，……，n 页。可以离散地将各个页面分别放在不同的物理块中，同样要为离散分配的页表再建立一张页表，称为外层页表，在每个页表项中记录了页表页面的物理块号，把要使用的页表项调入内存，其余页表项仍在外存，需要时再调入。

六、分段存储管理方式

从固定分区到可变分区，进而又发展到分页管理的原因，主要都是为了提高内存利用率；然而分段存储管理方式的引入，则主要是为了满足以下一系列的要求。

（1）便于询问。用户在编程时，一般会把自己的作业按照逻辑关系划分为若干个段，可以通过每段的名字和长度来访问。

（2）分段共享。程序和数据的共享是以信息的逻辑单位为基础的，而段恰好是信息的逻辑单位，因此可知，为了实现段的共享也希望存储管理按段加以组织。

（3）分段保护。信息保护同样是对具有相对完整意义的逻辑单位进行保护，采用按段来组织的方式，对于实现保护功能将更有效和方便。

（4）动态链接。作业要运行前先将主程序对应的目标程序装入内存并启动运行，当运行过程中又需要调用某段时，再将该段（目标程序）调入内存并进行链接。可见，动态链接也是以段为基础的。

（一）基本原理

（1）内存空间划分

内存空间被动态地划分为若干个长度不相同的区域，称为物理段。每个物理段在内存中有一个起始地址，称为段始址。每个物理段内从 0 开始依次编址，称为段内地址。

（2）作业空间划分

作业的地址空间按逻辑上有完整意义的段来划分，称为逻辑段，简称为段。例如有主程序段、子程序段、数据段及堆栈段等。段的长度由相应的逻辑信息组的长度决定，因而各段长度不等。每个段都有自己的名字。将一个用户作业的所有逻辑段从"0"开始编号，称为段号。为了实现起来较简单，通常用段号来代替段名。每个段都从"0"开始编址，称为段内地址。因此逻辑地址由段号和段内地址两部分组成，如图 3-16 所示。

图 3-16 分段系统的逻辑地址

（3）内存分配

系统以段为单位进行内存分配，为每一个段分配一个连续的内存空间（物理段），逻辑上连续的段在内存中不一定连续存放。

（二）段表

在分段存储管理系统中，为每一个段分配一个连续的存储空间，而段和段之间可以不连续，离散地分配到内存的不同区域。为了使程序能够正常执行，即能从内存中找到每个逻辑段所存储的位置，系统为每个进程建立了一张段映射表，简称"段表"。

例如，一个作业有主程序段、MAIN，子程序段 X，数据段 D 和椎栈段 S 等，在内存的映射情况如图 3-17 所示。

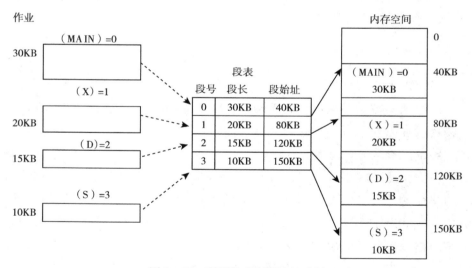

图 3-17 利用段表实现地址映射

（三）地址变换

在分段存储管理方式中，根据段表来进行地址转换。为了提高地址的转换速度，可以把段表存放在寄存器中，称为段表寄存器。段表寄存器用来存放段表的始址和段表长度，可以实现作业逻辑地址到物理地址的转换。地址转换过程如图 3－18 所示。

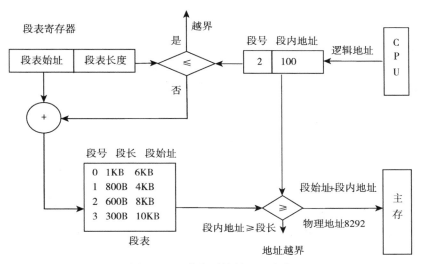

图 3－18　分段系统的地址变换

　　在进行地址转换时，系统将逻辑地址中的段号与段表中的段表长度进行比较，若段号大于或等于段表长度则表示段号越界，产生"地址越界"中断信号。若未越界，则根据段表起始址和段号得到该段在内存中的起始址。然后比较段内地址和该段的段长，若段内地址大于或等于段长，则发出"越界"中断信号。若未越界，则把起始址加上段内地址就得到欲访问内存的物理地址。

　　【例 3－7】某个采用分段存储管理的系统为装入内存的一个作业建立了段表，如表 3－9 所示。

表 3－9　段表

段号	内存起始址	段长
0	2 219	660B
1	3 300	140B
2	90	100B
3	1 237	580B
4	3 959	960B

（1）给出段式地址转换过程。

（2）计算该作业访问逻辑地址（0，432），（1，10），（2，500），（3，400），（5，450）时的物理地址。

【解】（1）段式地址的转换过程如图3－19所示。

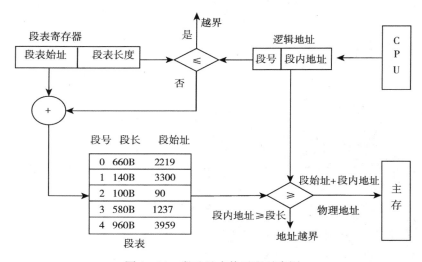

图3－19　段地址变换过程示意图

（2）根据地址转换图3－19可知，该作业访问的逻辑地址（0，432），（1，10），（2，500），（3，400），（5，450）对应的物理地址如表3－10所示。

表3－10　逻辑地址—物理地址表

逻辑地址	物理地址
0，432	2 651
1，10	3 310
2，500	段内地址越界
3，400	1 637
5，450	段号越界

（四）分页和分段的主要区别

由上所述可以看出，分页和分段有许多相似之处，因而容易混淆，但是在概念上两者完全不同，主要表现为：

①页是信息的物理单位，分页仅仅是为了系统管理内存方便，而不是用户的需要；而段是信息的逻辑单位，它含有一组具有相对完整意义的信息，是出于用户的需求。

②页的大小是固定的，由系统决定；而段的大小是不固定的，由用户作业本身决定。

③从用户角度看，分页的作业地址空间是一维的；而分段的作业地址空间是二维的。

（五）段页式存储管理方式

分页存储管理方式有效地提高了内存的利用率，分段存储管理方式方便了用户的使用。如果对两种存储管理方式"各取所长"，则可以将两者结合成一种新的存储管理方式，称为"段页式存储管理方式"。

1. 工作原理

段页式存储管理方式的基本原理是段式和页式系统工作原理的组合，即先把用户程序分成若干个段，并为每个段赋予一个段名，每段可以独立地从"0"编址，再把每个段划分成大小相等的若干个页，把内存分成与页大小相同的块。每段分配与其页数相同的内存块，内存块可以连续，也可以不连续。

在段页式存储管理中，作业的逻辑地址由段号、段内页号和页内地址组成（图 3－20）。

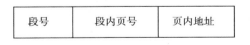

| 段号 | 段内页号 | 页内地址 |

图 3－20　段页式系统的逻辑地址

2. 地址变换

在段页式存储管理中进行地址转换时，首先利用段号，将它与段表寄存器中的段长进行比较，若段号大于等于段长则产生越界中断；否则，利用段表始址和段号在段表中找到相应页表的始址，再利用逻辑地址中的页号，与段表中的页长比较，若页号大于等于该页表长度，产生越界中断，否则，在页表中找出其对应的块号，再与逻辑地址中的页内地址一起组成物理地址。段页式存储管理的地址转换如图 3 – 21 所示。

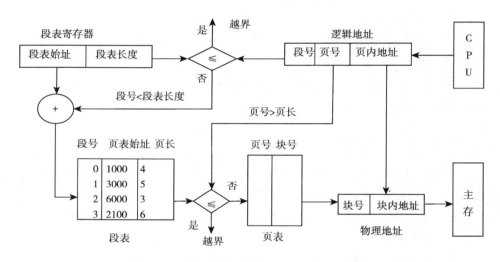

图 3 – 21 段页式存储管理的地址转换示意图

3. 特点

在段页式存储管理方式中，执行一条指令需要三次访问内存。第一次访问段表，从中得到页表的位置，第二次访问页表，得出该页所对应的物理块号，第三次按照得到的物理地址访问内存。

段页式存储管理方式既具有段式系统便于实现、分段共享、易于保护、动态链接等一系列优点，又能像页式系统那样，很好地解决内存碎片问题，并为各个分段离散地分配内存。这种管理方式的不足是管理信息（如段表和页表）需要占用较多的存储空间。

七、虚拟存储管理方式

无论是单一连续存储，分区存储，还是分页存储和分段存储，都要求将一个作业全部装入内存方能运行。这样，就必须为作业分配足够的存储空间，否则这个作业是无法运行的。

于是就出现了一些情况：①当把有关作业的全部信息都装入内存后，作业执行时实际上不是同时使用全部信息的，可能有些部分运行一次以后就不再使用了，甚至有些部分在作业执行的整个过程中都不会被使用到（如错误处理部分）；②有的作业很大，所要求的内存空间超过了内存总容量，作业不能全部被装入内存，致使该作业无法运行；③有大量的作业要求运行，但由于内存容量不足以容纳所有作业，只能将少数作业装入内存让它们先运行，而将其他大量的作业留在外存上等待。

显而易见的一种解决方法是，从物理上增加内存容量，但这往往会受到机器自身的限制，而且无疑要增加系统成本，因此这种方法是受到一定限制的；另一种方法是从逻辑上扩充内存容量，这正是虚拟存储技术所要解决的主要问题。

（一）基本原理

1. 局部性原理

在作业信息不全部装入内存的情况下能否保证作业的正确运行？回答是肯定的，早在 1968 年 P. Denning 就研究了程序执行时的局部性原理，即在一个较短时间内，程序的执行仅局限于某个部分；相应地，它所访问存储空间也局限于某个区域。表现在时间和空间两方面：

（1）时间局部性。如果程序中的某条指令被执行，那么它可能很快会再次被执行；如果某个数据被访问，那么不久以后它可能再次被访问。产生时间局部性的典型原因是在程序中存在着大量的循环操作。

（2）空间局部性。一旦程序访问了某个存储单元，那么与该存储单元相邻的单元可能会很快被访问。其典型情况便是程序的顺序执行。

2. 虚拟存储器的定义

基于局部性原理，在程序装入时，不必将其全部放入内存，而只需将当前执行需要的部分放入内存，而将其余部分放在外存，就可以启动程序执行。在程序执行过程中，当所访问的信息不在内存时，由操作系统将所需要的信息调入内存，然后继续执行程序。另一方面，操作系统将内存中暂不使用的内容换出到外存上，从而腾出空间存放将要调入内存的信息。从效果上看，这样的计算机系统好像为用户提供了一个存储容量比实际内存大得多的存储器，这个存储器称为虚拟存储器（简称虚存）。

虚拟存储器是指仅把作业的一部分装入内存便可运行作业的存储器系统。具体地说，所谓虚拟存储器是指具有请求调入功能和置换功能，能从逻辑上对内存容量进行扩充的一种存储器系统。实际上，用户所看到的大容量只是一种感觉，是虚的，故而得名虚拟存储器。虚拟存储器的容量也不是无限大的，它的最大容量一方面受限于系统中的地址长度，另一方面还受限于系统中所配置的外存容量。

虚拟存储器的运行速度接近于内存速度，而其成本却又接近于外存。可见，虚拟存储技术是一种性能非常优越的存储器管理技术，故被广泛地应用于各类计算机中。

3. 虚拟存储器的特点

采用虚拟存储器具有以下特点。

（1）离散性

离散性是指在内存分配时采用离散分配方式，这是虚拟存储器的基础。没有离散性，也就不可能实现虚拟存储器。这是因为一个作业需要分多次调入内存，如果采用连续分配方式，需要将作业装入一个连续的内存区域中。为此，需要事先为它一次性地申请足够大的内存空间，以便将整个作业先后分多次装入内存。这一方面会使相当一部分内存空间都处于暂时或"永久"空闲状态，造成内存资源的严重浪费；另一方面，也不可能使一个大作业运行在一个小的内存空间中，也就是无法再实现虚拟存储器的功能。只有采用离散分配方式，且仅在需要调入某部分程序和数据时，才为它申请内存空间，以避免浪费内存空间，也才有可能实现虚拟存储器的功能。

（2）多次性

多次性是指一个作业被分成多次调入内存运行。即在作业运行时没有必要将其全部调入，只需将当前要运行的那部分程序和数据装入内存即可，以后运行到哪一部分时再把哪一部分调入。多次性是虚拟存储器最重要的特征，任何其他的存储管理方式都不具有这一特征。因此，我们也可以认为虚拟存储器是具有多次性特征的存储器系统。

（3）对换性

对换性是指允许在作业的运行过程中换进、换出。即在作业运行期间，允许将那些暂不使用的程序和数据从内存调至外存的对换区（换出），待以后需要时再将它们从外存调至内存（换入）；甚至还允许将暂时不运行的作业调至外存，待它们重新具备运行条件时再调入内存。换进、换出能有效地提高内存的利用率。可见，虚拟存储器具有对换性特征。

（4）虚拟性

虚拟性是指能够从逻辑上扩充内存容量，使用户所看到的内存容量远大于实际内存容量。这是虚拟存储器所表现出来的最重要的特征，也是实现虚拟存储器的最重要目标。

4. 虚拟存储器的实现方法

实现虚拟存储器，需要有一定的物质基础。其一要有相当数量的外存，足以存放多个用户程序；其二要有一定容量的内存，因为在处理器上运行的程序必须有一部分信息存放在内存中；其三是地址变换机构，以动态实现逻辑地址到物理地址的变换。常用的虚拟存储器实现方案有分页虚拟存储管理方式、分段虚拟存储管理方式、段页式虚拟存储管理方式。

本节主要以分页虚拟存储管理为例来介绍虚拟存储管理，不再对分段虚拟存储管理和段页式虚拟存储管理进行介绍，其分配方法请参考有关资料。

（二）分页虚拟存储管理

1. 基本原理

分页式虚拟存储管理方式是在分页系统的基础上，增加了请求调页功能、页面置换功能所形成的虚拟存储器系统。在进程装入内存时，并不是装入全部页面，而是装入若干页，之后根据进程运行的需要，动态装入其他页面；当内存空间已满，而又需要装入新的页面时，则根据某种算法淘汰某个页面，以便腾出空间，装入新的页面。

2. 页表

分页虚拟存储管理采用的数据结构和分页存储管理基本相似，主要的数据结构仍然是页表。由于在分页式虚拟存储管理方式中，只将应用程序的一部分调入内存，还有一部分仍在磁盘上，故需要在页表中再增加若干项，供程序（数据）在换进、换出时参考。请求分页系统中的页表结构如表 3-11 示，其中各字段含义如下：

表 3-11　分页虚拟存储管理的页表结构

页号	块号	状态位	访问字段	修改位	外存地址

①页号和块号：其定义与分页存储管理的页号与块号相同，这两个信息是进行地址变换必需的。

②状态位（存在位）：用于指示该页是否已调入内存，供程序访问时参考。其值为"1"表示该页已经在内存中，在块号中填入所装入的块号；其值为"0"表示该页不在内存中，在块号中填入"-1"。

③访问字段：用于记录本页在一段时间内被访问的次数，或最近已有多长时间未被访问，提供给置换算法选择换出页面时参考。

④修改位：表示该页在调入内存后是否被修改过。由于内存中的每一页都在外存上保留了一份副本，因此，若未被修改，在置换该页时就无须将该页写回到外存上，以减少系统的开销和启动磁盘的次数；若已被修改，则必须将该页重写到外存上，以保证外存中所保留的始终是最新副本。

⑤外存地址：用于指出该页在外存上的地址，通常是物理块号，供调入该页时使用。

3. 缺页中断和地址变换

在分页式虚拟系统中，每当所要访问的页面不在内存时，便要产生一次缺页中断，请求操作系统将所缺页调入内存。缺页中断作为中断，它同样需要经历诸如保护 CPU 环境、分析中断原因、转入缺页中断处理程序进行处理、恢复 CPU 环境等几个步骤。

当作业所访问某页（如第 i 页）时，到页表中去查找，若该页不在内存时，产生缺页中断。根据页表中指示的位置到磁盘的第 j 块上，把第 i 页调进内存的第 k 块中，然后去修改页表，在该页对应的记录上填入块号 k，再重新执行访问 i 页的指令（图 3-22）。

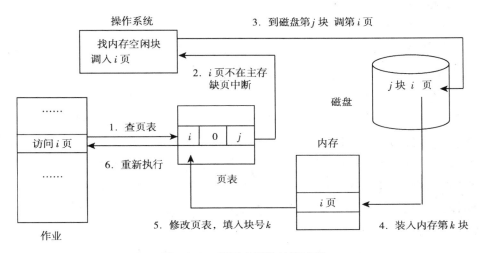

图 3-22　缺页中断的处理过程

缺页中断是一种特殊的中断，它与一般的中断相比，有着明显的区别，主要表现为：

①产生中断的时间不一样。一般中断是在执行完一条指令后，检查中断请求，产生中断。若有，便去响应；否则，继续执行下一条指令。然而，缺页中断是在指令执行期间，发现所要访问的指令或数据不在内存时产生和处理的。即缺页中断是在指令执行过程中产生中断请求。

②产生中断的次数不一样。一般中断在执行一条指令后只产生一次中断，而缺页中断在一条指令执行期间就可以产生多次中断。基于这些特征，系统中的硬件机构应能保存多次中断时的状态，并保证最后能返回到中断前产生缺页中断的指令处，继续执行。

分页虚拟存储管理中的地址转换机构是由分页存储管理方式中的地址转换机构发展而来的，在原来地址转换机构的基础上，为了实现虚拟存储器，增加了产生和处理缺页中断，以及从内存中换出一页等功能。

具体过程如下：当用户进程要求访问某一页时，如果该页已经调入内存，其地址转换过程与分页存储管理方式相同；如果该页还没有调入内存，则产生一缺页中断，系统进入相应的缺页中断处理过程，把所需页调入内存后，再按分页存储管理方式的地址转换过程转换地址。

4. 页面置换算法

实现虚拟存储管理能给用户提供一个容量很大的存储器，但当内存空间已装满而又要装入新页时，必须按一定的算法把已在内存的某页面换出到外存上，这个工作叫作页面置换。页面置换就是用来确定应该淘汰哪些页的算法，也称淘汰算法。算法的选择是很重要的，选用了一个不适合的算法，就会出现这样的现象：刚被淘汰的页面又立即要用，因而又要把它调入，而调入不久再被淘汰，淘汰不久再被调入。如此反复，使得整个系统的页面调度非常频繁以至于大部时间都花在来回调度页面上。这种现象叫作"抖动"（Thrashing），又称"颠簸"，一个好的调度算法应减少和避免抖动现象。

从理论上讲，应将那些以后不再会访问的页面换出，或把那些在较长时间内不会再访问的页面调出。常用的页面置换算法有以下三种。

（1）最佳置换算法（Optimal，OPT）

最佳置换算法是一种理想化的算法。要求从内存中淘汰以后永远不使用的页，若无这样的页，则淘汰在最长时间内不再被访问的页。采用最佳置换算法，可以保证获得最低的缺页率。但是人们无法预知一个进程在内存的若干个页面哪一个是未来最长时间不再被访问的，因此这种算法是无法实现的，只能作为其他置换算法的衡量标准。

【例3-8】在一个分页式虚拟存储管理的系统中，一个作业的页面走向为1、2、1、0、4、1、3、4、2、1、4、1，每调进一个新页就发生一次缺页中断，设分配给该作业的物理块数$M=3$。采用最佳置换算法求缺页中断次数F和缺页率f。

【解】页面置换情况如表3-12所示

缺页中断次数$F=6$，缺页率$f=6/12=50\%$。

（2）先进先出置换算法（First-In First-Out，FIFO）

表 3-12　最佳置换算法

访问顺序	1	2	1	0	4	1	3	4	2	1	4	1
$M=3$	1	1	1	1	1	1	3	3	3	1	1	1
		2	2	2	2	2	2	2	2	2	2	2
				0	4	4	4	4	4	4	4	4
缺页	1	2			3	4		5			6	

这是最早出现的置换算法。该算法是淘汰最早进入内存的那个页面。因为，最早进入的页面，其不再使用的可能性比最近调入的页面要大。这种置换算法实现简单，只要把各个调入内存的页按其进入内存的先后顺序连成一个队列即可，总是淘汰队首的那一页。

先进先出置换算法的不足是它所依据的理由不是普遍成立的。那些在内存中驻留很久的页，往往是被经常访问的页。如内程序、常用子程序、循环等，结果这些常用的页都被淘汰调出，而可能又需要立即调回内存，因而易发生"抖动"现象。

【例 3-9】在一个分页式虚拟存储管理的系统中，一个作业的页面走向为 1、2、1、0、4、1、3、4、2、1、4、1。设分配给该作业的物理块数 $M=3$ 及 $M=4$ 时，采用先进先出置换算法求缺页中断次数 F 和缺页率 f。

【解】（1）分配给该作业的物理块数 $M=3$ 时，页面置换情况如表 3-13 所示。

表 3-13　$M=3$ 时，先进先出置换算法

访问顺序	1	2	1	0	4	1	3	4	2	1	4	1
$M=3$	1	1	1	1	4	4	4	4	2	2	2	2
		2	2	2	2	1	1	1	1	1	1	4
				0	0	0	3	3	3	3	3	1
缺页	1	2		3	4	5	6		7		8	9

缺页中断次数 $F=9$，缺页率 $f=9/12=75\%$。

（2）分配给该作业的物理块数 $M=4$ 时，页面置换情况如表 3-14 所示。

表 3-14　M=4 时，先进先出置换算法

访问顺序	1	2	1	0	4	1	3	4	2	1	4	1
M=4	1	1	1	1	1	1	3	3	3	3	3	3
		2	2	2	2	2	2	2	2	1	1	1
				0	0	0	0	0	0	0	0	0
					4	4	4	4	4	4	4	4
缺页	1	2		3	4		5			6		

缺页中断次数 $F=6$，缺页率 $f=6/12=50\%$。

从直观上看，在内存中分配给作业的物理块数越多，作业执行时发生的缺页中断次数应该越少。但是令人惊奇的是，实际情况并不是这样。Belady 在 1969 年发现了一个反例，使用 FIFO 算法时，4 个物理块时缺页中断次数比 3 个物理块时的多（表 3-15，表 3-16）。即分配的页面数增多，缺页次数反而增加的奇怪现象，这种奇怪的情况称为 Belady 现象。

表 3-15　物理块数为 3 时的 FIFO 算法页面置换情况

访问顺序	0	1	2	3	0	1	4	0	1	2	3	4
M=3	0	0	0	3	3	3	4	4	4	4	4	4
		1	1	1	0	0	0	0	0	2	2	2
			2	2	2	1	1	1	1	1	3	3
缺页	1	2	3	4	5	6	7			8	9	

表 3-16　物理块数为 4 时的 FIFO 算法页面置换情况

访问顺序	0	1	2	3	0	1	4	0	1	2	3	4
M=4	0	0	0	0	0	0	4	4	4	4	3	3
		1	1	1	1	1	1	0	0	0	0	4
			2	2	2	2	2	2	1	1	1	1
				3	3	3	3	3	3	2	2	2
缺页	1	2	3	4			5	6	7	8	9	10

可以看出，分配的物理块数为 3 时，产生的缺页次数为 9；物理块数

为4时，产生的缺页次数为10。

（3）最近最久未使用置换算法（Least Recently Used，LRU）

该算法选择在最近一段时间内最久没有使用过的页，把它淘汰掉。它依据的是程序局部性原理，即如果某页被访问，它可能马上还要被访问；相反，如果某页长时间未被访问，它可能最近也不会被访问。

【例3-10】在一个分页式虚拟存储管理的系统中，一个作业的页面走向为1、2、1、0、4、1、3、4、2、1、4、1，每调进一个新页就发生一次缺页中断，设分配给该作业的物理块数 $M=3$。采用最近最久未使用置换算法求缺页中断次数 F 和缺页率 f。

【解】页面置换情况如表3-17所示。

表3-17　最近最久未使用置换算法

访问顺序	1	2	1	0	4	1	3	4	2	1	4	1
$M=3$	1	1	1	1	1	1	1	1	2	2	2	2
		2	2	2	4	4	4	4	4	4	4	4
				0	0	0	3	3	3	1	1	1
缺页	1	2		3	4		5		6	7		

缺页中断次数 $F=7$，缺页率 $f=7/12=58\%$。

八、Windows 操作系统的存储管理

存储管理主要管理内存资源，Windows XP/2000 的内存管理采用分页虚拟存储管理方式，32 位的 Windows XP/2000 上的虚拟地址空间最多可达 4G。

（一）内存管理

在 Windows XP/2000 中，内存管理是由虚拟存储管理器负责的。用户的应用程序使用 32 位虚拟地址方式编址，Windows XP/2000 虚拟存储管理器利用二级页表结构来实现虚拟地址向物理地址的转换。

内存是计算机中重要的系统资源，所有程序都要在内存中运行，数据也要保存在内存中。然而当执行的程序很大或很多时，内存就会消耗殆尽。为了解决这个问题，Windows XP/2000 运用了虚拟内存技术，即拿出一部分硬盘空间充当内存使用。当内存紧张时，系统将暂时不用的程序和数据所在的页面换出至硬盘，从而提高物理内存利用率。当程序访问到已经被换出至硬盘的页面时，页表项指明该页无效，这时会发生缺页中断，系统将该页从外存调入，这时会降低系统的性能。

Windows XP/2000 利用请求式页面调度算法及簇方式将页面装入内存。每当进程所要访问的页面不在内存时，便产生一次缺页中断，虚拟存储管理器将引发中断的页面及后续的少量页面装入内存。因为局部性原理，程序（尤其是大型程序）往往在一段时间内，仅在连续的一块地址空间上运行，装入后续少量页面可减少缺页中断的次数。

当产生缺页中断时，虚拟存储管理器还必须确定将调入的虚拟页面放在物理内存中的位置。确定最佳位置的算法称为"置换算法"。如果发生缺页中断时物理内存已满，置换算法还要决定将哪个虚拟页面从物理内存中换出，为新的页面腾出空间。在单处理器系统中，Windows XP/2000 采用类似于最近最久未使用置换算法（LRU）。

（二）内存查看和虚拟内存设置

在 Windows XP/2000 中可以通过任务管理器查看系统内存的使用情况。启动任务管理器，选择"性能"选项卡，可以查看 CPU 和内存的使用情况。

虽然分页文件一般都放在系统分区的根目录下面，但这并不总是该文件的最佳位置。要想从分页获得最佳性能，如果系统只有一个硬盘，那么建议应该尽可能为系统配置额外的驱动器。这是因为：Windows 2000 最多可以支持在多个驱动器上分布的 16 个独立的分页文件。为系统配置多个分页文件可以实现对不同磁盘 I/O 请求的并行处理，这将大大提高 I/O 请求的分页文件性能。

要想更改分页文件的位置或大小配置参数，可按以下步骤进行：

①右键单击桌面上的"我的电脑"图标，并选定"属性"；

②在"系统属性"对话框中选择"高级"选项卡；

③在"高级"选项卡上单击性能的"设置"按钮；

④单击"性能选项"对话框中的"高级"选项卡，单击"更改"按钮；在"虚拟内存"对话框中，输入页面文件的初始大小和最大值，单击"设置"按钮；

⑤要想将另一个分页文件添加到现有配置，在"虚拟内存"对话框中选定一个还没有分页文件的驱动器，然后指定分页文件的初始值和最大值（以兆字节表示），单击"设置"，然后单击"确定"；

⑥要想更改现有分页文件的最大值和最小值，可选定分页文件所在的驱动器。然后指定分页文件的初始值和最大值，单击"设置"按钮，然后单击"确定"按钮；

⑦在"性能选项"对话框中，单击"确定"按钮；

⑧单击"确定"按钮，关闭"系统特性"对话框。

第四章 设备管理

设备管理是指对计算机系统中除 CPU 和主存储器以外的所有其他设备的管理，它包括用于输入/输出的外部设备，也包括有关的支持设备，如通道和设备控制器等。设备管理在操作系统中是十分重要的，也是相当复杂的，它与硬件的关系相当紧密。

一、设备管理概述

"设备"是指计算机系统中的外部设备，它包括外存、输入设备和输出设备（I/O 设备）。外存的管理和使用，请参考文件管理一章。本章主要介绍输入设备和输出设备的管理。

设备管理是操作系统的主要功能之一，它是研究在多道程序设计环境下，如何让多个用户作业同时使用 I/O 设备，充分发挥设备作用的问题。本节主要介绍设备的分类、设备管理的目标和任务、设备管理的主要功能。

（一）设备的分类

计算机的 I/O 设备种类很多（常见的有显示器、键盘、磁盘、光驱、打印机、绘图仪、鼠标、音箱、话筒等），结构也比较复杂，管理起来比较困难。为了管理上的方便，通常按不同的观点，从不同的角度对设备进行分类。下面给出几种常见的分类方法。

1. 按所属关系分类

（1）系统设备

指在操作系统生成时已经登记在操作系统中的标准设备。如键盘、鼠标、磁盘、显示器、打印机等。

（2）用户设备

指在操作系统生成时未登入系统中的非标准设备。通常这类设备是由用户提供的，用户必须用某种方式把这类设备交给系统统一管理。如绘图仪、扫描仪等。

2. 按操作特性分类

（1）存储设备（或文件设备）

指计算机用来存放信息的设备，如磁盘、磁带等。

（2）输入输出设备（I/O设备）

I/O设备包括输入设备和输出设备两大类。输入设备是将信息输送给计算机，如键盘、鼠标、扫描仪等；输出设备是将计算机处理或加工好的信息输出，如打印机、显示器、绘图仪等。

3. 按设备共享属性分类

（1）独占设备

独占设备是指在一定时间段内只允许一个用户（进程）访问的设备。系统一旦把这种设备分配给一个进程后，便由该进程独占，直到用完释放，其他进程才能使用。多数低速设备都属于此类设备，如打印机。应当注意，独占设备的分配有可能引起进程死锁。

（2）共享设备

共享设备是指在一定时间段内允许多个进程同时访问的设备。当然，对于每一时刻而言，该类设备仍然只允许一个进程访问。典型的共享设备是磁盘。共享设备可获得良好的设备利用率。

（3）虚拟设备

虚拟设备是指通过虚拟技术，如SPOOLing技术，将一台独占设备变换为共享设备供若干个用户（进程）同时使用，通常把这种经过虚拟技术处理后的设备，称为虚拟设备，如虚拟打印机。

4. 按信息交换单位分类

（1）块设备

这类设备用于存储信息。由于信息的存取总是以数据块为单位，故称为块设备，它属于有结构设备，一般块的大小为512B～4KB。典型的块设备是磁盘。

（2）字符设备

用于数据的输入和输出。其基本单位是字符，故称为字符设备。它属于无结构设备。如键盘、显示器、打印机等。

（二）设备管理的目标和任务

1. 设备管理的目标

我们知道，操作系统的主要目标是提高系统的利用率，方便用户使用计算机。为此，设备管理应实现如下主要目标。

（1）方便性

使用户摆脱具体的、复杂的物理设备特性的束缚，灵活方便地使用各种设备为用户服务。

（2）并行性

既要使 CPU 与 I/O 设备的工作高度重叠，又要尽可能地保证设备之间的工作能充分进行。

（3）均衡性

监视设备的状态，避免设备忙闲不均的现象，采用缓冲技术，均衡设备的利用。

（4）独立性（或无关性）

指程序独立于设备，或者说程序与设备无关。即用户编制程序时所使用的设备与实际使用的设备无关，也就是在用户程序中仅使用逻辑设备名。逻辑设备名是用户自己指定的设备名，它是暂时的，可更改的。而物理设备名是系统提供的设备的标准名称，它是永久的，不可更改的。

2. 设备管理的任务

设备管理的任务是按照设备的类型和系统采用的分配策略，为请求 I/O 进程分配一条传输信息的完整通路，包括通道、控制器设备；合理地控制 I/O 的控制过程，最大程度地实现 CPU 与设备、设备与设备之间的并行工作。

（1）监视所有设备的状态

为了能对设备实施有效的分配和控制，系统需在任何时间内都能快速地跟踪设备状态。设备状态信息保留在设备控制块中，它动态地记录状态的变化及有关信息。

（2）制定设备分配策略

在多用户环境中，系统根据用户要求和设备的有关状态给出设备分配算法。

（3）设备的分配

把设备分配给进程（或作业），而且必须分配相应的控制器和通道。

（4）设备的回收

作业运行完毕后，要释放设备，则系统必须回收，以便其他作业使用。

总之，设备管理是为了完成用户提出的 I/O 请求；为用户分配 I/O 设备；提高 CPU 与 I/O 设备的利用率；提高 I/O 设备的速度；方便用户使用 I/O 设备。

（三）设备管理的主要功能

设备管理的主要功能有缓冲管理、设备分配、设备处理和虚拟设备等。

（1）缓冲管理

缓冲管理的任务是管理好各种类型的缓冲区，协调各类设备的工作速度，提高系统的使用效率。它通过单缓冲区、双缓冲区或缓冲池等机制来实现。

（2）设备分配

设备分配的任务是根据用户提出的 I/O 请求，为其分配所需要的设备。它通过配置设备控制表、控制器控制表、通道控制表和系统设备表记录设备的分配情况，实现设备分配。

（3）设备处理

设备处理的任务是实现 CPU 和设备控制器之间的通信。它通过相应的设备处理程序来实现。

（4）虚拟设备

虚拟设备的功能是把每次只允许一个进程使用的物理设备改造为能同

时供多个进程共享的设备。

二、输入输出系统

输入输出系统（I/O系统）是设备管理的主要对象。要想熟悉设备管理，就必须首先了解I/O系统。本节主要介绍I/O系统的结构、I/O设备控制器、I/O通道和I/O系统的控制方式。

（一）I/O系统的结构

不同规模的计算机系统，其I/O系统的结构也有差别。通常可将I/O系统的结构分成两大类：主机I/O系统和微机I/O系统。

1. 主机I/O系统

比较典型的主机I/O系统具有四级结构：主机、通道、控制器和外部设备（图4-1）。其中，最低级为I/O设备，次低级为设备控制器，次高级为I/O通道，最高级为主机。

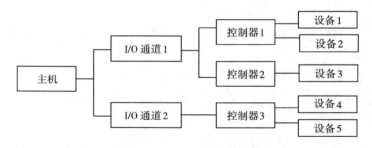

图4-1　I/O系统四级结构

外部设备通常由机械和电子两部分组成。由于许多设备往往不是同时使用的，为降低成本，往往将电子部分从设备中独立出来构成一个部件，称为控制器。一个控制器可交替地控制几台同类设备。

为了使CPU摆脱繁忙的I/O事务，现代大、中型计算机都设置了专门处理I/O操作的机构，这就是通道。通道相当于一台小型处理机，它接受主机的委托，独立地执行通道程序，对外部设备的I/O操作进行控制，以实现内存和外设之间的成批数据传输。当主机委托的 I/O 任务完成后，通道发出中断信号，请求 CPU 处理。这样就使得中央处理机基本上摆脱了 I/O 的处理工作，大大提高了 CPU 和外设工作的并行程度。一个通道可以控制一个设备控制器或多个设备控制器。

2. 微机 I/O 系统

微机 I/O 系统一般采用总线 I/O 系统结构，实现 CPU 与控制器之间的通信（图 4-2）。

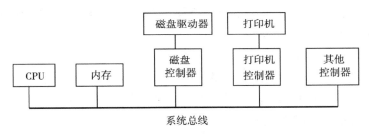

图 4-2　总线型 I/O 系统结构

从图中可以看出，CPU 和主存是直接连接到总线上的。I/O 设备是通过设备控制器连接到总线上。CPU 并不直接与 I/O 设备进行通信，而是与设备控制器进行通信，并通过它去控制相应的设备。因此，设备控制器是处理器和设备之间的接口。应根据设备的类型，给设备配置与之相应的控制器，如磁盘控制器、打印机控制器等。

（二）I/O 设备控制器

1. 设备控制器的概念

设备控制器是 CPU 与 I/O 设备之间的接口。它是一个可编址的设备，每一个地址对应一个设备。它接收从 CPU 发来的命令，并控制 I/O 设备的工作，使 CPU 从繁杂的设备控制事务中解脱出来，提高 CPU 的使用效率。

设备控制器的复杂性因设备而异，相差很大。设备控制器一般分成两大类：一类是用于控制字符设备的控制器；另一类是用于控制块设备的控制器。微型机和小型机的控制器，常做成印制电路卡形式，也称为接口卡，可将它插入计算机中，如微机中的显示卡。有些控制器可以处理两个、四个或八个同类设备。

2. 设备控制器的功能

设备控制器的主要功能是控制一个或多个 I/O 设备，实现 I/O 设备与计算机之间的数据交换。设备控制器是一个可编址的设备，当它只控制一个设备时，它有唯一的一个设备地址；若控制器连接多个设备时，则应含有多个设备地址，使每一个设备地址对应一个设备。设备控制器一般具有以下功能。

（1）接收和识别命令

接收和识别由 CPU 发送来的各种命令，并对这些命令进行译码。为此，在控制器中应设置相应的控制寄存器，用来存放接收的命令和参数，并对所接收的命令进行译码。

（2）交换数据

实现 CPU 与控制器、控制器与设备之间的数据交换。对于前者，是通过数据总线，由 CPU 并行地把数据写入控制器，或从控制器中并行地读出数据；对于后者是设备将数据输入到控制器，或从控制器传送给设备。为此，在控制器中需设置数据寄存器。

（3）了解和报告设备状态

控制器中应设立一个状态寄存器用于记录设备的各种状态，以供 CPU 使用。例如，仅当该设备处于发送就绪状态时，CPU 才能启动控制器从设备中读出数据。为此，在控制器中应设置一个状态寄存器，用其中的每一位来反映设备的某一种状态。当 CPU 将该寄存器的内容读入后，便可了解该设备的状态。

（4）识别地址

系统中每个设备都有一个地址，设备控制器必须能够识别它所控制的每个设备的地址。为此，在控制器中应配置地址译码器。

（5）缓冲数据

由于 I/O 设备的速度较低而 CPU 和内存的速度较高，故在控制器中可以设置一缓冲。以缓和 I/O 设备和 CPU、内存之间的速度矛盾。

（6）控制差错

设备控制器还兼管对由 I/O 设备传来的数据进行差错检测，以保证数据传送的正确性。

3. 设备控制器的组成

由于设备控制器处于 CPU 与设备之间，它既要与 CPU 通信，又要与设备通信，还应具有按照 CPU 发来的命令去控制设备工作的功能。因此，现有的大多数控制器都是由以下三部分组成的（图 4-3）。

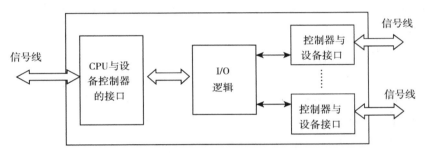

图 4-3　设备控制器的组成

（1）CPU 与设备控制器的接口

该接口用于实现 CPU 与设备控制器之间的通信。共有三类信号线：数据线、地址线和控制线。

（2）设备控制器与设备的接口

控制器中的 I/O 逻辑根据处理器发送来的地址信号，选择一个设备接口。一个设备接口连接一台设备。

（3）I/O 逻辑

I/O 逻辑用于实现对 I/O 设备的控制。它通过一组控制线与处理器交互，处理器利用该逻辑向控制器发送 I/O 命令；I/O 逻辑对收到的命令进行译码。每当 CPU 要启动一个设备时，一方面将启动命令发送给控制器，另一方面同时通过地址线把地址发送给控制器，由控制器的 I/O 逻辑对收到的地址进行译码，再根据所译出的命令对所选设备进行控制。

（三）I/O 通道

1. I/O 通道的概念

I/O 通道是指专门负责输入输出工作的处理器。它有自己的指令系统（包含数据传送指令和设备控制指令），能按照指定的要求独立地完成输入输出操作。中央处理器可做相应的计算操作，从而使系统获得 CPU 与外设的并行处理能力。

2. I/O 通道的分类

I/O 通道是用于控制外围设备的。由于外围设备的类型较多，且其传输速率相差较大，因而也使通道具有多种类型。根据信息交换方式的不同，把通道分成三种类型：字节多路通道、数据选择通道和数组多路通道。

（1）字节多路通道

以字节为单位传输信息。字节多路通道通常都含有许多非分配型子通道，其数量可从几十到数百个，每一个子通道连接一台 I/O 设备，这些子通道按时间片轮转方式共享主通道（图 4-4）。

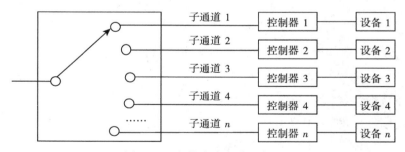

图 4-4　字节多路通道示意图

当第一个子通道控制其 I/O 设备完成一个字节的交换后，便立即腾出字节多路通道（主通道），让给第二个子通道使用；当第二个子通道也交换完一个字节后，又同样地把主通道让给第三个子通道；依此类推。当所有子通道轮转一周后，又返回来由第一个子通道去使用字节多路通道。这样，只要字节多路通道扫描每个子通道的速率足够快，而连接到子通道上的设备的速率不是太高时，信息便不会丢失。字节多路通道适用于连接打印机、终端、卡片输入/输出机等低速或中速的 I/O 设备。

（2）数据选择通道

数据选择通道可以连接多台高速设备，但由于它只含有一个分配型子通道，在一段时间内只能执行一道通道程序，控制一台设备进行数据传送，致使当某台设备占用了该通道后，便一直由它独占（即使无数据传送，通道被闲置也不允许其他设备利用），直至该设备传送完毕释放该通道。数据选择通道虽有很高的传输速率，但它每次只允许一个设备传输数据。所以，这种通道利用率很低。它主要用来连接高速外部设备，如磁盘、磁鼓等。

（3）数组多路通道

数组多路通道是将数据选择通道传输速率高和字节多路通道能使各子通道（设备）分时并行操作的优点相结合，而形成的一种新通道。该通道被广泛地用于连接多台高速、中速的外围设备，其数据传送是按数组方式进行的。它适用于连接传输速率介于两者之间的设备，如磁带等。

（四）I/O 系统的控制方式

I/O 系统的控制方式有四种：程序直接控制方式、中断控制方式、直接存储器存取控制方式和通道控制方式。

1. 程序直接控制方式

程序直接控制方式也称为"忙—等待"方式，即在一个设备的操作没有完成时，控制程序一直检测设备的状态，直到该操作完成，才能进行下一个操作。

程序直接控制方式的步骤为：

①当用户需要输入数据时，由处理器向设备控制器发出一条 I/O 指令，启动设备进行输入。在设备输入数据期间，处理器通过循环执行测试指令不间断地检测设备状态寄存器的值，当状态寄存器的值显示设备输入完成时，处理器将数据寄存器中的数据取出，送入主存指定的存储单元，然后再启动设备去读取下一个数据。

②当用户进程需要向设备输出数据时，也必须同样发出启动命令启动设备输出，并等待输出操作完成。

在这种方式下，CPU 的大量时间消耗在等待输入输出的循环测试上，使 CPU 与外设串行工作，严重影响了 CPU 和外设的使用效率，致使整个系统效率很低。所以，程序直接控制方式的特点是工作过程简单，CPU 的利用率低。

程序直接控制方式适用于早期的无中断的计算机系统。

说明：程序直接控制方式就像一个刚走出校门独自创业的毕业生（主机）一样，所有工作（I/O 设备）都必须自己安排、亲自操作，使自己经常处于非常忙碌的状态。

2. 中断控制方式

中断控制是指计算机在执行期间，系统内发生任何非寻常的或非预期的急需处理事件，使得 CPU 暂时中止当前正在执行的程序而转去执行相应的事件处理程序，待处理完毕后再返回原来被中止处继续执行或调度新的进程执行的过程。对 I/O 设备的控制由相应的中断处理程序完成。

在中断控制方式下，数据的输入步骤为：

①需要输入数据的进程，通过 CPU 发出启动指令，启动外设输入数据。该指令同时还将状态寄存器中的中断允许位打开。

②在进程发出指令启动设备之后，该进程放弃处理器，等待输入完成。进程调度程序调度其他就绪进程占据处理器。

③当输入完成时，I/O 控制器通过中断请求线向 CPU 发出中断信号。CPU 在接收到中断信号后，转向设备中断处理程序。设备中断处理程序将输入数据寄存器中的数据传输到某一特定主存单元中，给要求输入的进程使用。同时，还把等待输入完成的那个进程唤醒，再返回到被中断的进程继续执行。

④在以后的某个时刻，进程调度程序选中提出请求输入的进程，该进程从约定的主存单元中取出数据做进一步处理。

中断控制方式比程序直接控制方式提高了 CPU 的利用率。每输入输出一个数据都会发生中断，传输一次数据需要多次中断，浪费了 CPU 的处理时间。

中断控制方式应用于现代计算机系统。

说明：中断控制方式就像一个有几年创业经验的且开始雇佣几个人为其工作的人（主机）一样，所有工作（I/O 设备）都必须自己安排，但当自己忙于某一事情（数据计算）的时候，可以把手头的工作（设备控制）交给手下人（中断处理程序）处理，以提高自己的工作效率。

3. 直接存储器存取控制方式（DMA）

采用中断控制方式，数据的输入和输出是以字节为单位进行的。每传送一个字节的数据，控制器就向 CPU 请求中断一次，使 CPU 在数据传送时仍然处于忙碌状态。这样就产生了直接存储器存取方式。直接存储器存取方式是指对 I/O 设备的控制由 DMA 控制器完成，在 DMA 控制器的作用下，设备和主存之间可以成批地进行数据交换，而不用 CPU 的干涉。

在直接存储器存取控制方式下，数据的输入步骤为：

①当进程要求设备输入一批数据时，CPU 将设备存放输入数据的主存始址以及要传送的字节数分别送入 DMA 控制器中的地址寄存器和传送字节计数器中；另外，将中断位和启动位设置为 1，以启动设备开始进行数据输入并允许中断。

②发出数据要求的进程进入等待状态，进程调度程序调度其他进程占据 CPU。

③输入设备不断地挪用 CPU 工作周期，将数据寄存器中的数据源源不断地写入主存，直到所要求的字节全部传送完毕。

④DMA 控制器在传送字节数完成时，通过中断请求线发出中断信号，CPU 收到中断信号后转中断处理程序，唤醒等待输入完成的进程，并返回被中断的程序。

⑤在以后的某个时刻，进程调度程序选中提出请求输入的进程，该进程从指定的主存始址取出数据做进一步处理。

采用直接存储器存取控制方式，数据的传送方向、存放数据的主存始址及传送数据的长度等都由 CPU 控制，具体的数据传送由 DMA 控制器负责，每台设备需要配一个 DMA 控制器，这样 I/O 数据传输速度快，CPU 负担少。

直接存储器存取控制方式适用于块设备的数据传输。

说明： 直接存储器存取控制方式就像一个具有一定创业经验和一定规模企业的人（主机）一样，自己不再从事具体的事物管理，而把自己的工作人员（I/O设备），分成若干部门，并任命了经理（设备控制器）负责各个部门的工作，自己作为总经理，只需要发布一些宏观的控制命令即可，从而提高自己的工作效率。

4. 通道控制方式

采用DMA控制方式，数据的输入和输出是以数据块为单位进行的。每传送一个数据块的数据，DMA控制器就向CPU请求中断一次。这样虽然比中断方式减少了CPU的中断次数，但当数据量较大时，仍需要CPU发出多次输入/输出指令，来完成数据的传递。能否CPU发出一次输入/输出指令，完成一组数据块的传递呢？由此产生了通道控制方式。

通道控制方式是一种以主存为中心，在设备与主存之间直接交换数据的控制方式。CPU只需要发出启动指令，指出通道相应的操作和I/O设备，该指令就可以启动通道并使该通道从主存中调出相应的通道指令执行，完成一组数据块的输入/输出。

在通道控制方式下，数据输入步骤为：

①当进程要求输入数据时，CPU发启动指令指明I/O操作、设备号和对应通道。

②对应通道接收到CPU发来的启动指令后，把存放在主存中的通道指令程序读出，并执行通道程序，控制设备将数据传送到主存中指定的区域。

③若数据传输结束，则向CPU发出中断请求。CPU收到中断信号后转去执行中断处理程序，唤醒等待输入完成的进程，并返回被中断的程序。

④在以后的某个时刻，进程调度程序选中提出请求输入的进程，该进程从指定的主存始址取出数据做进一步处理。

采用通道控制方式，通道所需要的CPU干预更少，并可以实现CPU、通道和I/O设备三者之间的并行操作，从而更有效地提高整个系统的资源利用率。

通道控制方式适用于现代计算机系统中的大量数据交换。

说明：通道控制方式就像一个取得巨大成就的企业家一样，企业的规模越来越大，成立了董事会，自己任董事长（主机），然后聘请若干个总经理（通道）来负责不同类型的企业，总经理所负责的企业又分成若干部门，由经理（设备控制器）负责各个部门的工作（I/O 设备）。董事长只需发布一些更宏观的控制命令就可以管理整个企业了，从而提高了自己的工作效率。

三、设备分配与回收

设备分配是设备管理的功能之一。在多道程序环境下，系统中的设备供所有进程使用。为防止诸进程对系统资源的无序竞争，规定系统设备不允许用户自行使用，必须由系统统一分配。每当进程向系统提出 I/O 请求时，只要是可能和安全的，设备分配程序便按照一定的分配策略，把设备分配给请求进程。有的系统中，为了确保在 CPU 与设备之间能进行通信，还应分配相应的控制器和通道。为了实现设备分配，必须在系统中设置相应的数据结构。本节主要介绍设备分配中采用的数据结构、设备分配应考虑的因素、设备的分配、设备的回收和设备分配程序的改进。

（一）设备分配中采用的数据结构

为了实现对设备的管理和控制，需要对每台设备、通道、控制器的情况进行登记。设备分配主要采用的数据结构有设备控制表、控制器控制表、通道控制表和系统设备表（图 4-5）。

1. 设备控制表 DCT（Device Control Table）

系统为每个设备配置一张 DCT，用于记录设备的特性及与 I/O 控制器连接的情况。DCT 中包括：设备标识符、设备类型、设备状态、设备等待队列指针、I/O 控制器指针、设备相对号、重复执行次数或时间等。

（1）设备标识符

设备标识符也称设备绝对号，用它来区别设备。设备标识符是计算机

系统设备表

设备类
设备标识符
指向设备控制表指针
驱动程序入口

控制器控制表

控制器标识符
控制器状态：忙/闲
与控制器连接的通道表指针
控制器队列的队首指针
控制器队列的队尾指针

设备控制表

设备类型
设备标识符
设备状态：忙/闲
指向控制器表指针
重复执行次数或时间
设备队列的队首指针

通道控制表

通道标识符
通道状态：忙/闲
与通道连接的控制器表首址
通道队列的队首指针
通道队列的队尾指针

图 4-5　系统设备表、设备控制表、控制器控制表、通道控制表

系统对每台设备的编号。用户对每类设备的编号称为设备相对号，也称为设备类号。用户总是用设备的相对号提出使用设备的请求，系统为用户分配具体设备时就建立了"绝对号"与"相对号"的对应关系。这样，系统根据用户的使用要求，就知道应该启动哪台设备。

（2）设备类型

设备类型反映设备的特性，例如终端设备、块设备或字符设备等。

（3）设备状态

设备状态指设备当前是空闲还是繁忙。

（4）重复执行次数或时间

由于外部设备在传送数据时，较易发生数据传送错误。因而在许多系统中，如果发生传送错误，并不立即认为传送失败，而是令它重新传送，并由系统规定重复执行的次数。在重复执行时，若能恢复正常传送，则仍认为传送成功。仅当屡次失败，致使重复执行次数达到规定值而传送仍不成功时，则认为传送失败。

（5）设备队列的队首指针

凡因请求本设备而未得到满足的进程，其 PCB 都应按照一定的策略排列一个队列，该队列为设备请求队列或简称设备队列。其队首指针指向队首 PCB。在有的系统中还设置了队尾指针。

（6）指向控制器表的指针

该指针指向与设备相连接的控制器的控制表。在设备到主机之间具有多条通路的情况下，一个设备将与多个控制器相连接。因此，在 DCT 中还应设置多个控制器表指针。

2. 控制器控制表 COCT（Controler Control Table）

系统为每个控制器配置一张 COCT，它反映控制器的使用状态及与通道的连接状况等。

3. 通道控制表 CHCT（Channel Control Table）

系统为每个通道配置一张 CHCT，以记录通道的信息。

4. 系统设备表 SDT（System Device Table）

系统设备表也称为设备类表，整个系统配置一张。它记录已被连接到系统中的所有物理设备的情况，每个物理设备占一个表目。

（二）设备分配应考虑的因素

在多道程序设计的系统环境中，多个进程会产生对某类设备的竞争问题，系统在进行设备分配时应考虑设备的使用性质、设备的分配原则和算法、设备分配的安全性以及设备的独立性等因素。

1. 设备的使用性质

按照设备自身的使用性质，可以采用 3 种不同的分配方式：独占分配、共享分配、虚拟分配。独占分配适用于大多数低速设备，如打印机。共享分配适应于高速设备，如磁盘。虚拟分配适应于虚拟设备。根据设备的使用性质来决定一个设备可以分给几个进程。

2. 设备的分配原则

设备分配的原则是根据设备特性、用户要求和系统配置情况决定的。设备分配的总原则是既要充分发挥设备的使用效率，尽可能让设备忙，但又要避免由于不合理的分配方法造成进程死锁；另外还要做到把用户程序和具体物理设备隔离开来，即用户程序面对的是逻辑设备，而分配程序将在系统把逻辑设备转换成物理设备之后，再根据要求的物理设备号进行分配。

3. 设备的分配算法

I/O 设备的分配除了与 I/O 设备的固有属性相关外，还与系统所采用的分配算法有关。设备的分配算法主要是确定把设备先分给哪个进程。设备的分配算法有先请求先服务和优先级高者优先两种。

（1）先请求先服务算法

根据进程发出请求的先后顺序，把这些进程排成一个设备请求队列，设备分配程序总是把设备分配给队首进程。

（2）优先级高者优先算法

按照进程的优先级的高低进行设备分配。当多个进程对同一设备提出 I/O 请求时，哪一个进程的优先级高，就先把设备分给哪一个进程。对优先级相同的按照先请求先服务的算法排队。

注意：I/O 调度算法不能采用时间片轮转法，原因是在 I/O 操作中，有些设备的固有属性是独占性，一经某进程占用，便一直到使用完该设备才释放。而且在由通道控制的 I/O 系统中，通道程序一经启动便一直进行下去，直到最后完成。在它完成之前不会产生中断。

4. 设备分配的安全性

设备分配的安全性是指在设备分配中应防止发生进程的死锁。设备分配的安全性采用的方法有静态分配策略和动态分配策略，它们可以防止进程死锁。

（1）静态分配策略

静态分配策略是在作业级进行的。用户作业开始执行前，由系统一次性分配给该作业所要求的全部设备、控制器和通道，直到该作业撤销为止。该策略不会出现死锁，但设备利用率低。

（2）动态分配策略

动态分配策略是在进程执行过程中，根据执行的需要所进行的设备分配。当进程需要设备时，通过系统调用命令向系统提出设备请求，由系统按照事先规定的算法给进程分配所需要的设备、控制器和通道，用完以后立即释放。动态分配提高了设备的利用率，但分配不当，会造成进程的死锁。

采用动态分配策略时，又分两种情况：

①每当进程发出 I/O 请求后便立即进入阻塞状态，直到所提出的 I/O 请求完成才被唤醒。这种情况，设备分配是安全的，但进程推进缓慢。

②允许进程发出 I/O 请求后仍继续执行，且在需要时又可以发出第二个 I/O 请求，第三个 I/O 请求……仅当进程所请求的设备已被另一个进程占用时才进入阻塞状态。这样一个进程可同时操作多个设备，从而使进程推进迅速，但有可能产生死锁。

5. 设备的独立性

设备的独立性又叫设备无关性，它是指用户在编制程序时所使用的设备与实际使用的设备无关。为此，要求用户程序对 I/O 设备的请求采用逻辑设备名，而在程序实际执行时使用物理设备名，它们之间的关系类似存储管理中的逻辑地址和物理地址的关系。

（三）设备分配与回收

1. 设备分配

在并发进程环境中，设备分配是由系统完成的，以防止并发进程对设备的无序竞争。当进程提出设备请求时，系统启动设备分配程序，按照一定的算法为进程分配设备、设备控制器和通道。在这三种资源中，通道是最紧缺的资源，设备是最充足的资源。所以，设备分配的步骤是：先分配设备，再分配设备控制器，最后分配通道。

（1）分配设备

根据进程提出的设备名，查找系统设备表，若没找到，则显示出错信息，并结束分配；否则，从中找到该设备的设备控制表，查看设备控制表中的设备状态字段。若该设备处于忙状态，则将进程插入到该设备的等待队列；若设备空闲，便按照一定的算法来计算本次设备分配的安全性。若分配不会引起死锁则进行设备分配，修改设备控制表，把状态字段的值由"0"改为进程名，并修改系统设备表，使"现存设备台数"减少；否则，将该进程插入到该设备的等待队列。

（2）分配设备控制器

在系统把设备分配给请求 I/O 的进程后，再到设备控制表中找到与该设备相连的控制器控制表，从该表的状态字段中可知该控制器是否忙碌。若忙，则将进程插入到等待该控制器的队列；否则，将该控制器分配给进程，即修改控制器控制表，把状态字段的值由"0"改为进程名。

（3）分配通道

在分配完设备控制器后，从控制器控制表中找到与该控制器相连的通道控制表，从该表的状态字段中可知该通道是否忙碌。若通道处于忙碌状态，则该进程插入到等待该通道的队列；否则，将该通道分配给进程，即修改通道控制表，把状态字段的值由"0"改为进程名。若分配了通道，则此次操作分配成功。

2. 设备回收

当进程撤销或设备使用完毕后，要进行设备的回收，此时，系统根据进程名在设备分配表中找到相应的记录，把设备状态修改为"0"表示未分配，若该设备的等待队列不空，则唤醒队首进程，进行设备分配；然后，到该设备的控制器控制表中，把其状态由进程名改为"0"，若该控制器的等待队列不空，则唤醒队首进程，进行控制器分配；之后，到该控制器的通道控制表中，把其状态由进程名改为"0"，若该通道的等待队列不空，则唤醒队首进程，进行通道分配；最后，在系统设备表中把回收的设备台数添加到"现存设备台数"中。

四、设备处理

设备处理主要是由设备处理程序完成的。设备处理程序也称为设备驱动程序，它是 I/O 进程与设备控制器之间的通信程序。设备处理的任务是把上层软件的抽象要求变为具体要求发送给设备控制器，启动设备；另外，它将设备控制器发来的信号传送给上层软件。本节主要介绍设备驱动程序的功能和特点，以及设备驱动程序的处理过程。

（一）设备驱动程序的功能和特点

1. 设备驱动程序的功能

为了实现 I/O 进程与设备控制器之间的通信，设备驱动程序应具有以下功能：

①接收由 I/O 进程发来的命令和参数，并将命令中的抽象要求转化为具体要求。

②检查用户 I/O 请求的合法性，了解 I/O 设备的状态，传递有关参数，设置设备的工作方式。

③发出 I/O 命令，如果设备空闲，便立即启动 I/O 设备去完成指定的 I/O 操作；否则，将请求者的请求块挂在设备队列上等待。

④及时响应由控制器或通道发来的中断请求，并根据其中断类型调用相应的中断处理程序进行处理。

⑤对于设置有通道的计算机系统，驱动程序还应根据用户的 I/O 请求，自动构成通道程序。

2. 设备处理的方式

在不同的操作系统中所采用的设备处理方式并不完全相同。根据在设备处理时是否设置进程，以及设置什么样的进程把设备处理方式分成以下三类：

①为每一类设备设置一个进程，专门执行这类设备的 I/O 操作。比如，为所有的交互式终端设置一个交互式终端进程；又如，为同一类型的打印机设置一个打印进程。

②在整个系统中设置一个 I/O 进程，专门负责对系统中所有各类设备的 I/O 操作。也可设置一个输入进程和一个输出进程，分别处理系统中所有各类设备的输入或输出操作。

③不设置专门的设备处理进程，只为各类设备设置相应的设备处理程

序，供用户进程或系统进程调用。

3. 设备驱动程序的特点

- 驱动程序是在请求 I/O 的进程与设备控制器之间的一个通信程序。
- 驱动程序与 I/O 设备的硬件特性密切相关。不同类型的设备应配置不同的驱动程序。
- 驱动程序与 I/O 控制方式紧密相关。
- 驱动程序与硬件紧密相关，其部分被固化在 ROM 中。

（二）设备驱动程序的处理过程

设备驱动程序的主要任务是启动指定设备。但在启动之前，还必须完成必要的准备工作，如检测设备状态是否为"忙"等待。在完成所有的准备工作后，最后才向设备控制器发送一条启动命令。其处理过程如下：

1. 将抽象要求转化为具体要求

通常在每个设备控制器中都含有若干个寄存器，分别用于暂存命令、数据和参数等。用户及上层软件对设备控制器的具体情况毫无了解，因而只能向它们发出抽象的要求（命令），但这些命令无法传送给设备控制器。因此，就需要借助设备驱动程序，将抽象的要求转化为具体的要求传送给设备控制器。例如，将盘块号转换为磁盘的盘面、磁道号及扇区号。这一工作的转换只能由驱动程序来完成，因为在操作系统中只有驱动程序才同时了解抽象要求和设备控制器中的寄存器情况；也只有它才知道命令、数据和参数应分别送往哪个寄存器。

2. 检查 I/O 请求的合法性

任何输入设备都只能完成一组特定的功能，若该设备不支持这次 I/O 请求，则认为这次 I/O 请求非法。例如，用户试图请求从打印机输入数据，显然系统应予以拒绝。

3. 读出和检查设备的状态

要启动某个设备进行 I/O 操作，其前提条件是该设备正处于空闲状态。因此在启动设备之前，要从设备控制器的状态寄存器中读出设备的状态。例如，为了向某设备写入数据，此前应先检查该设备是否处于接收就绪状态，仅当它处于该状态时，才能启动其设备控制器；否则只能等待。

4. 传送必要的参数

有许多设备，特别是块设备，除必须向其控制器发出启动命令外，还需要传送必要的参数。例如，在启动磁盘进行读/写之前，应先将本次要传送的字节数、数据应到达的主存始址送入控制器的相应寄存器中。

5. 设置工作方式

有些设备有多种工作方式，在启动时应选定某种方式，给出必要的数据。在启动该接口之前，应先按通信规程设定下述参数：波特率、奇偶校验方式、停止位数目及数据字节长度等。

6. 启动 I/O 设备

在完成上述五项工作后，驱动程序可以向控制器的命令寄存器传送相应的控制命令，启动 I/O 设备。基本的 I/O 操作是在控制器的控制下进行的。

五、设备管理的实现技术

设备管理采用的技术有缓冲技术、中断技术、假脱机技术（SPOOL-ing）。缓冲技术是为了提高 I/O 设备的速度和利用率；中断技术是为了响应优先级高的设备处理请求；假脱机技术是为了把独占设备变为共享设备，提高设备的利用率。

（一）缓冲技术

缓冲技术是在 I/O 设备在与主存交换数据时使用缓冲区的技术。缓冲管理的主要功能是组织好缓冲区，并提供获得和释放缓冲区的手段。

1. 缓冲的引入

为了提高 I/O 设备的速度和利用率，在 I/O 设备与处理器交换数据时引入了缓冲技术。事实上，凡是数据到达速度和离去速度不匹配的地方都可以采用缓冲技术。在操作系统中，引入缓冲的主要原因可归结为以下几点：

①缓和 CPU 与 I/O 设备间速度不匹配的矛盾。一般情况下，CPU 的工作速度快，I/O 设备的工作速度慢，二者在进行数据传送时，很可能造成大量数据积压在 I/O 设备处，影响 CPU 的工作。在二者之间设置缓冲区后，CPU 处理的数据可以传送到缓冲区（或从缓冲区读取数据），I/O 设备从缓冲区读取数据（或向缓冲区写入数据），从而使 CPU 与 I/O 设备的工作速度得以提高。

②减少对 CPU 的中断频率，放宽对中断响应时间的限制。没有缓冲区时，每次 CPU 读取或写入数据都需要中断 CPU；若设置了缓冲区，CPU 可以从缓冲区读取数据或向缓冲区写入数据，只有缓冲区没有数据或缓冲区已满时，才中断 CPU。

③提高 CPU 与 I/O 设备间的并行性。CPU 与 I/O 设备间引入缓冲区后，可以显著提高 CPU 和 I/O 设备的并行操作程度，提高系统的吞吐量和设备的利用率。例如，在 CPU 和打印机之间设置了缓冲区后，可以使 CPU 与打印机并行工作。

对于缓冲区，可以从以下几个方面理解：

①缓冲技术是提高 CPU 与外设并行工作程度的一种技术。

②凡是数据到达速度和离去速度不匹配的地方都可以使用缓冲区。如 CPU 与主存之间有高速缓存（Cache Memory），主存与显示器之间有显示缓存，主存与打印机之间有打印缓存等。

③缓冲的实现方式有两种：一是采用硬件缓冲器实现，所谓硬件缓冲是指设备本身配有的少量必要的硬件缓冲器；二是采用软件缓冲器实现，即在主存划出一块区域充当缓冲区，专门用来存放临时输入输出的数据，使用时，由输入指针和输出指针来控制对它的写入和读取。

2. 缓冲的类型

根据系统设置缓冲区的个数，将缓冲技术分为：单缓冲、双缓冲、循环缓冲、缓冲池。

（1）单缓冲

单缓冲是指在设备和处理器之间设置一个缓冲区，用于数据的传输。

在设备和处理器交换数据时，先把被交换的数据写入缓冲区，然后，需要数据的设备或处理器再从缓冲区读取数据。当缓冲区中的数据没有处理完毕时，处理第二个数据的进程必须等待。

单缓冲技术的特点是：

• 在主存中只有一个缓冲区。对于块设备，该缓冲区可以存放一块数据，对于字符设备，该缓冲区可以存放一行数据。

• 设备和处理器对缓冲区的操作是串行的，传输速度慢。

• 在任一时刻，只能进行单向的数据传输，并且传输数据量较少。

（2）双缓冲

双缓冲是指在设备和处理器之间设置两个缓冲区。

在设备输入时，输入设备先将第一个缓冲区装满数据，在输入设备装填第二个缓冲区时，处理器可以从第一个缓冲区取出数据供用户进程处理；当第一个缓冲区中的数据取走后，若第二个缓冲区已填满，则处理器可以从第二个缓冲区取出数据进行处理，而此时输入设备又可以装填第一个缓冲区。如此循环进行，可以加快输入和输出速度，提高设备的利用率。

双缓冲技术的特点是：

• 在主存设置两个缓冲区，完成数据的传输。

• 两个缓冲区可以交替使用，提高了处理器和输入设备的并行操作能力。

• 在任一时刻，可以进行双向的数据传输。一个缓冲区用于输入，另一个用于输出。

• 适用于输入/输出、生产者/消费者速度基本匹配的情况。

• 当传输数据量较大，或者两者的速度相差较远时，双缓冲区效率较低。

（3）循环缓冲

在设备和处理器之间设置多个大小相等的缓冲区。每个缓冲区中有一个链接指针指向下一个缓冲区，最后一个缓冲区指针指向第一个缓冲区，这样构成一个环形缓冲区。环形缓冲区用于传输较多的数据，如输入进程和计算进程的数据传输。输入进程不断向空缓冲区输入数据，而计算进程则从中提取数据进行计算。

环形缓冲区用于输入输出时，需要设两个指针：in 和 out。in 用于指向可以输入数据的第一个空缓冲区，out 用于指向可以提取数据的第一个满缓冲区。in 与 out 的初值均为 0。

对于输入而言，首先从输入设备接收数据到缓冲区，存入 in 所指向的单元，in 后移；取数据时，从 out 指向的位置取数据，out 后移。

循环缓冲技术的特点是：

- 在主存中设置多个缓冲区。
- 读和写可以并行处理，适用于某种特定的 I/O 进程和计算进程，如输入/输出、生产者/消费者速度不相匹配的情况。
- 循环缓冲区属于专用缓冲区。当系统较大时，使用多个这样的缓冲区要消耗大量的主存空间，降低缓冲的使用效率。

（4）缓冲池

当系统较大时，可以利用供多个进程共享的缓冲池来提高缓冲区的利用率。

缓冲池的组成包括空（闲）缓冲区、装满输入数据的缓冲区、装满输出数据的缓冲区，同类缓冲区以链队的形式存在。另外，还应有四种工作缓冲区：用于收容输入数据的工作缓冲区 hin、用于提取输入数据的工作缓冲区 sin、用于收容输出数据的工作缓冲区 hout、用于提取输出数据的工作缓冲区 sout。

当输入进程需要输入数据时，便从空缓冲区队列的队首摘下一个空缓冲区，把它作为收容工作缓冲区，然后把数据输入其中，装满后再把它挂到输入队列队尾。当计算进程需要输入数据时，便从输入队列取得一个缓冲区作为提取输入工作缓冲区，计算进程从中提取数据，数据用完后再将它关到空缓冲区队尾。当计算进程需要输出数据时，便从空缓冲区队列的队首取一个空缓冲区作为收容输出工作缓冲区，当其中装满输出数据后，再将它挂到输出队列尾。当要输出时，由输出进程从输出队列取得一个装满输出数据的缓冲区，作为提取输出工作缓冲区，当数据提取完后，再将它挂到空缓冲区队列的队尾。

缓冲池的特点是：

• 缓冲池结构复杂，在主存中设置公用缓冲池，在池中设置多个可供多个进程共享的缓冲区。

• 缓冲区既可用于输入，又可用于输出（即共享）。

• 缓冲池的设置，减少了主存空间的消耗，提高了主存的利用率，适用于现代操作系统。

针对缓冲区的工作原理，大家可以分析一下我们身边使用缓冲区的例子。

（二）中断技术

中断对于操作系统来说非常重要，就好像机器中的齿轮，驱动各部件的动作。所以，许多人把操作系统称为是由"中断"驱动的。

大家都有这过这样的经历：正在家中看书时，电话铃响了。于是，在书中夹上书签，去接电话；接完电话后，继续看书。这就是日常生活中的"中断"事例。

1. 中断的概念

中断是由于某些事件的出现，中止现行进程的执行，而转去处理出现的事件，中断事件处理完后，再继续运行被中止进程的过程。在这里，引起中断的事件称为中断源。中断事件通常由硬件发现，对出现的事件进行处理的程序称为中断处理程序。中断处理程序是由操作系统处理的，属于操作系统的组成部分。

2. 中断类型

现代计算机根据实际需要配置有不同类型的中断机构，有的较简单，有的较复杂。因此，根据不同的分类方法产生不同的中断类型。一般把中断分为硬件故障中断、程序中断、外部中断、输入输出中断和访管中断。

（1）硬件故障中断

由机器故障造成的中断。如电源故障、主存出错。

（2）程序中断

由程序执行到某条机器指令时可能出现的各种问题而引起的中断。如发现定点操作数溢出、除数为 0、地址越界等。

（3）外部中断

由各种外部事件引起的中断。如按压了中断键、定时时钟时间到等。

（4）输入输出中断

由输入输出控制系统发现外围设备完成了输入输出操作或在执行输入输出时通道或外围设备产生错误而引起的中断。

（5）访管中断

正在运行的进程执行访管指令时引起的中断。如分配一台外设。

前四类中断不是运行进程所希望的，故称为强迫性中断；而第五种中断，是进程所希望的，故称为自愿性中断。

3. 中断响应

在处理器执行完一条指令后，硬件的中断装置就立即检查有无中断事件发生。若有，则停止现行进程，由操作系统中的中断处理程序占用处理器，这一过程称为"中断响应"。

4. 中断处理

在介绍中断处理之前，首先介绍与中断处理有关的两个概念：特权指令和程序状态字。

（1）特权指令

特权指令是不允许用户程序直接使用的指令。如 I/O 指令，设置时钟、寄存器的指令。

（2）程序状态字

它是用来控制指令的执行顺序，并保留和指示与程序有关的系统状态。它一般由三个部分组成。

①程序基本状态。

指令地址：指出下一条指令的存放地址。

条件码：指出指令执行结果的特征。如结果大于 0。

管态/目态：CPU 执行操作系统指令的状态称为管态。在管态时，可以使用特权指令；CPU 执行用户程序指令的状态称为目态。在目态时，不能使用特权指令。

计算/等待：计算时，处理器按指令地址顺序执行指令。等待时，处理器不执行任何指令。

②中断码。保存程序执行时当前发生的中断事件。

③中断屏蔽位。指出程序在执行时，发生中断事件，是否响应出现的中断事件。

程序状态字有三种：一是当前 PSW，当前正在占用处理器的进程的 PSW。二是新 PSW，中断处理程序的 PSW。三是旧 PSW，保存的被中断进程的 PSW。

中断处理过程如图 4 - 6 所示。

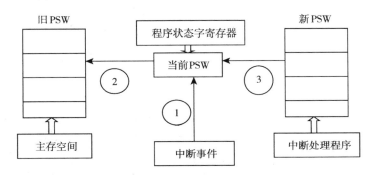

图 4 - 6　中断处理过程

①当中断装置发现中断事件后，先把中断事件存放到程序状态字寄存器中的中断码位置。

②把程序状态字寄存器中的"当前 PSW"作为"旧 PSW"保存到预先约定的主存的固定单元中。

③根据中断码，把该类事件处理程序的"新 PSW"送入程序状态字寄存器。

④处理器按新 PSW 控制处理该事件的中断处理程序执行。

当中断程序处理完后，再恢复现场，继续执行原先被中断的进程。

（三）假脱机技术（SPOOLing）

SPOOLing 技术是将一台独占设备改造成共享设备的一种行之有效的

技术。当系统中出现了多道程序后，可以利用其中的一道程序来模拟脱机输入时的外围控制机的功能，把低速 I/O 设备上的数据传送到高速磁盘上；再用另一道程序来模拟脱机输出时外围控制机的功能，把数据从磁盘传送到低速输出设备上。这样，便可在主机的直接控制下，实现脱机输入、输出功能。

1. 假脱机的概念

假脱机技术（SPOOLing）是指在联机情况下实现的同时外围操作，也称假脱机输入输出操作。它是操作系统中的一项将独占设备改为共享设备的技术。

2. 假脱机技术的组成

假脱机技术由输入井和输出井、输入缓冲区和输出缓冲区、输入进程和输出进程、请求打印队列组成。SPOOLing 系统的组成如图 4 - 7 所示。

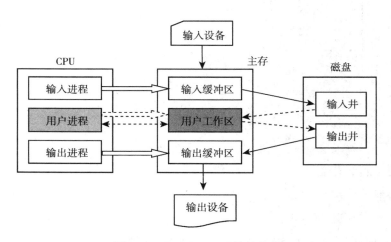

图 4 - 7　SPOOLing 系统的组成

注：图中虚线为用户进程的处理，实线为输入进程和输出进程的处理。

（1）输入井和输出井

这是在磁盘上开辟的两个大的存储区。输入井是模拟脱机输入时的磁盘，用于收容输入设备输入的数据。输出井是模拟脱机输出时的磁盘，用于收容用户程序的输出数据。

（2）输入缓冲区和输出缓冲区

它们是在主存中开辟的两个缓冲区。输入缓冲区用于暂存由输入设备送来的数据，以后再传送到输入井。输出缓冲区用于暂存从输出井送来的数据，以后再传送给输出设备。

（3）输入进程和输出进程

输入进程模拟脱机输入时的外围控制机，将用户要求的数据从输入设备，通过输入缓冲区送到输入井。当 CPU 需要数据时，直接从输入井读入主存。输出进程模拟脱机输出时的外围控制机，把用户要求输出的数据，先从主存送到输出井，待输出设备空闲时，再将输出井中的数据经过输出缓冲区送到输出设备上。

（4）请求打印队列

由若干张请求打印表所形成的队列，系统为每个请求打印的进程建立一张请求打印表。

3. 假脱机技术的特点

SPOOLing 技术是对脱机输入/输出工作的模拟，它要求必须有高速、大量且随机存取的外存的支持。其特点如下：

• 提高了 I/O 速度。SPOOLing 技术引入了输入井和输出井，可以使输入进程、用户进程和输出进程同时工作，从而提高了 I/O 速度。

• 将独占设备改造为共享设备。由于 SPOOLing 技术把所有用户进程的输出都送入输出井，然后再由输出进程完成打印工作，而输出井在磁盘上，为共享设备。这样 SPOOLing 技术就把打印机等独占设备改造成了共享设备。

• 实现了虚拟设备功能。由于 SPOOLing 技术实现了多个用户进程共同使用打印机这种独占设备的情况，从而实现了把一个设备当成多个设备来使用，即虚拟设备的功能。

4. 假脱机技术的应用

以打印机为例说明 SPOOLing 的工作原理，系统如何利用 SPOOLing 技术将打印机模拟为虚拟打印机？

当某进程要求打印输出时，操作系统并不是把某台实际打印机分配给该进程，而是在磁盘上输出井中为其分配一块区域，该进程的输出数据高速存入输出井的相关区域中（而并不是直接在打印机上输出）。输出井上的相关区域相当于一台虚拟的打印机，各进程的打印输出数据都暂时存放在输出井中，形成一个输出队列。最后，由 SPOOLing 的输出程序依次将输出队列中的数据实际打印输出。

六、存储设备的管理

存储设备也称外存或后备存储器、辅助存储器。它们主要是计算机用来存储信息的设备。虽然它们的存储速度较内存慢，但比内存容量大得多，相对价格也便宜。本节主要介绍存储设备的类型、磁盘驱动调度算法以及 USB 设备的管理。

（一）存储设备的类型

常用的存储设备有磁盘（硬盘和软盘）、光盘、U 盘、磁带等。大多数程序像编译程序、汇编程序、排序例程、编辑程序、格式化程序等，都是存放在磁盘上，在使用时才调入内存。这里介绍以磁带为代表的顺序存储设备和以磁盘为代表的直接存储设备。

1. 顺序存取设备

磁带是一种最典型的顺序存取设备。顺序存取设备只有在前面的物理块被存取访问过之后，才能存取后续的物理块的内容。而且，为了在存取一个物理块时让磁带机提前加速和不停止在下一个物理块的位置上，磁带的两个相邻的物理块之间设计有一个间隙将它们隔开（图 4-8）。

……		第 i 块	间隙	第 i+1	……

图 4-8　磁带的结构

显然，磁带设备的存取速度或数据传输率与下列因素有关：

①信息密度（字符数/英寸）；

②磁带带速（英寸/秒）；

③块间间隙。

如果带速高、信息密度大且所需块间隙（磁头启动和停止的时间）小的话，则磁带存取速度和数据传输率高，反之亦然。

另外，由磁带的读写方式可知，只有当第 i 块被存取之后，才能对第 $i+1$ 块进行存取操作。因此，某个特定记录或物理块的存取访问与该物理块到磁头当前位置的距离有很大关系。如果相距甚远，则要花费很长的存取时间来移动磁头，其效率不会很高。但是，磁带存取设备具有容量大、顺序存取方式时存取速度高等优点。因此，磁带存取设备获得了较为广泛的应用。

2. 直接存取设备

磁盘是最典型的直接存取设备。磁盘不仅容量大、存取速度快而且可以实现随机存取，是当前存放大量程序和数据的理想设备。故在现代计算机系统中都配置了磁盘存储器，并以它为主来存放文件。这样，对文件的操作都将涉及对磁盘的访问。磁盘 I/O 速度的高低和磁盘系统的可靠性，都将直接影响系统性能。因此，设法改善磁盘系统的性能，已成为现代操作系统的重要任务之一。

（1）磁盘性能简述

磁盘设备是一种相当复杂的机电设备，有专门的课程对它进行详细讲述。在此，仅对磁盘的某些性能做扼要的介绍。

磁盘设备可包括一个或多个盘片，每片分两面，每面可分成若干条磁道（其典型值为 500~2 000），各磁道之间留有必要的间隙。为使处理简单，在每条磁道上可存储相同数目的二进制位。这样，磁盘密度即每英寸中所存储的位数，显然是内层磁盘的密度较外层磁盘的密度高。每条磁道又分成若干个扇区，其典型值为 10~100 个扇区。每个扇区的大小相当于一个盘块。各扇区之间保留一定的间隙。

（2）磁盘的类型

对磁盘，可以从不同的角度进行分类。最常见的有：将磁盘分成硬盘和软盘、单片盘和多片盘、固定头磁盘和活动头（移动头）磁盘等。下面仅对固定头磁盘和移动头磁盘做些介绍。

①固定头磁盘。每条磁道上都有一个读/写磁头，所有的磁头都被装在一个刚性磁壁中。通过这些磁头可访问所有各磁道，且进行并行读/写，有效地提高了磁盘的 I/O 速度。这种结构的磁盘主要用于大容量磁盘上。

②移动头磁盘。每个盘面只有一个读/写磁头，也被装入磁臂中。这些磁头在盘面上来回移动，而盘体则绕中心轴高速旋转。为能访问该盘面上的所有磁道，该磁头必须能移动以进行寻道。可见，移动磁头仅能以串行方式读/写，致使其 I/O 速度较慢；但由于其结构简单，故仍广泛应用于中小型磁盘设备中。

（二）磁盘驱动调度算法

磁盘是可供多个进程共享的设备，当有多个进程都要求访问磁盘时，应采用一种最佳调度算法，以使各进程对磁盘的平均访问时间最小。由于在访问磁盘的时间中，主要是寻道时间，因此，磁盘调度的目标是使磁盘的平均寻道时间最少。目前常用的磁盘调度算法有：先来先服务、最短寻道时间优先及扫描等算法。

1. 先来先服务调度算法（FCFS）

先来先服务算法根据访问请求的先后次序选择先提出访问的请求为之服务。

例如，如果在为访问 43 号柱面的请求者服务后，当前正在为访问 67 号柱面的请求者服务，同时有若干请求者在等待服务，它们依次要访问的柱面号为：186，47，9，77，194，150，10，135，110，按照先来先服务的策略，处理顺序为：186→47→9→77→194→150→10→135→110。

先来先服务算法是磁盘调度最简单的一种形式，它既容易实现，又公平合理。它的缺点是效率不高，相邻两次请求可能会造成最内到最外的柱面寻道，致使磁头反复移动，增加了服务时间，对机械的寿命也不利。

2. 最短寻道时间优先算法（SSTF）

这种算法的基本出发点是以磁头移动距离的大小作为优先的因素。它从当前磁头位置出发，选择离磁头最近的磁道为其服务。

例如，对于前面的请求队列，开始最靠近磁头初始位置 67 磁道的请求是 77 磁道，当磁头移到 77 磁道服务后；下一个离磁头最近的就是 47 磁道；离 47 磁道距离最近的是 10 磁道；而离 10 磁道最近的是 9 磁道；然后，依次服务 110、135、150、186 和 194 磁道。所以采用最短寻道时间优先算法服务的顺序是：77→47→10→9→110→135→150→186→194。

最短寻道时间优先算法使那些靠近磁头当前位置的申请可及时得到服务，防止磁头大幅度来回摆动，减少了磁道平均查找时间。但没考虑磁头移动的方向，也没有考虑进程在队列中等待的时间，从而可能使移动臂不断花时间改变方向，还可能使一些离磁头较远的申请者在较长时间内得不到服务。

3. 扫描算法（SCAN）

（1）电梯调度算法

电梯调度算法是选请求队列中沿磁臂前进方向最接近于磁头所在柱面的访问请求作为下一个服务对象。由于这种算法中磁头移动的规律颇似电梯的运行，故称为电梯调度算法。

仍以上面的序列为例，在使用电梯高度算法后，服务次序为：77→110→135→150→186→194→47→10→9。

电梯调度算法简单、实用且高效，克服了最短寻道优先的缺点，既考虑了距离，同时又考虑了方向，但有时有的请求等待时间可能很长。

（2）N 步扫描策略

扫描策略基本上与上述电梯调度策略相同，只是在移动臂向内或向外移动过程中，只服务于在移动臂改变方向前到达的访问要求。而不理会在移动臂移动过程中到达的那些新的访问要求。

（3）单向扫描策略

磁盘单向移动。当移动臂向内移动时，它对本次移动开始前到达的各访问要求自外向内地依次给予服务，直到对最内柱面上的访问要求满足后，然后移动臂直接向外移动，停在所有新的访问要求的最外边的柱面上。然后再对本次移动前到达的各访问要求依次给予服务。

这两个策略具有基本扫描策略的优点，并且消除了其缺点。根据模拟研究表明，在访问负荷较小的情况下，基本扫描策略是最好的。有中等以上的负荷情况下，单向扫描策略可产生最佳的效果。

（三）USB 设备的管理

USB（Universal Serial Bus）通用串行总线。是由 Compaq（康柏）、DEC、IBM、Intel、NEC、微软以及 Northern Telecom（北方电讯）等公司于 1994 年 11 月共同推出的新一代接口标准。主要目的就是为了解决接口标准太多的弊端。

1. USB 简介

USB 使用一个 4 针插头作为标准插头，并通过这个标准接头，采用菊花链形式把所有外设连接起来，它采用串行方式传输数据，支持多数据流和多个设备并行操作，允许外设热插拔。一个 USB 控制器可以连接多达 127 个外设。

USB 支持三种总线速度：低速 1.5Mbps、全速 12Mbps 和高速 480Mbps。高速模式是 2000 年发布的规范 2.0 版本新增加的，Windows XP 是支持 USB 2.0 的第一个 Windows 系统。

USB 设备有两种通道：数据流通道和消息通道。每个通道都有一定的带宽、传输类型、传输方向和缓冲区大小。

2. USB 的四种传输类型

（1）控制传输模式

用于传输枚举过程中的请求，也用于发送请求至设备和接收答复。

（2）中断传输模式

用于键盘鼠标之类由主机定期发出请求和发送数据的设备。

（3）批传输模式

用在诸如打印机和扫描仪之类的设备中，这类设备要求传输速度快，但在总线忙碌时传输数据可以等待。

（4）同步传输模式

用于实时伴音和其他应用，这类应用对时序要求很高，但允许有偶尔的错误。

3. USB 的组成

USB 规范将 USB 分为 5 个部分：控制器、控制器驱动程序、USB 芯片驱动程序、USB 设备以及针对不同 USB 设备的驱动程序。控制器主要负责执行由控制器驱动程序发出的命令。控制器驱动程序是在控制器与 USB 设备之间建立通信信道。USB 芯片驱动程序提供对 USB 的支持。USB 设备包括与 PC 相连的 USB 外围设备。

4. USB 设备的结构

PC 机主板上有两个插口，称为 Root Hub。Root Hub 是一个 USB 系统的总控制端口。它既可以直接连外设，也可以通过 Hub 控制更多的外设。USB Hub 的结构类似通常的网络集线器，有很多子端口，每个子端口可以接一个外设，也可以再通过一个 Hub 接入更多外设，直到所有外设加起来等于 127 为止。

5. USB 设备的传输过程

当 USB 设备接入 Hub 或 Root Hub 后，主机控制器和主机软件（Host Controller & Host Software）能自动侦测到设备的接入。然后 Host Software 读取一系列的数据（包括工作方式、电源消耗量等参数）用于确认设备特征。之后主机分配给外设一个单独的地址。地址是动态分配的，每一次可能不同。在分配完地址之后对设备进行初始化，初始化完成以后就可以对设备进行 I/O 操作了。

6. USB 设备的进一步发展

USB 经过了十几年发展，已经得到了市场的认可。目前还有另外两种 I/O 端口标准，一个是 IEEE1394（也叫作"FireWire"——火线），另一个是 DeviceBay。它们都是 USB 的"直接对手"。IEEE1 394 的速度能达到 1GB。

而 USB OTG（On-The-Go）的推出更是鼓舞人心，可以使 USB 设备摆脱对 PC 的完全依赖。USB OTG 是 USB 2.0 规范的补充，它使外设可以在无主机参与的情况下直接互连进行通信。数码相机是 USB OTG 的典型应用。

第五章　文件管理

操作系统是一个对计算机系统资源进行管理和控制的软件系统。其中资源是指硬件资源和软件资源。前几章我们讨论的处理器管理、存储管理和设备管理都是针对硬件资源的，本章讨论操作系统对软件资源的管理。现代计算机系统都把软件资源看作是一组相关信息的集合，即把它们统一看做文件。操作系统提供的文件系统就是存取和管理信息的机构。文件系统是用户和外存的接口。

本章主要介绍文件及文件系统的概念，文件的逻辑结构与文件的物理结构，实现"按名存取"的文件目录结构和管理，文件系统的共享与安全等内容。

通过本章的学习使学生熟悉文件的概念、分类、组织，掌握文件存储空间的分配和管理、文件目录的管理、文件的保密与保护方法和文件的使用。

一、文件管理概述

在现代计算机系统中，要用到大量的程序和数据，由于内存容量有限，且不能长期保存，故用户总是把它们组织成文件的形式存放在外存中，需要时可随时将它们调入内存。

在大多数计算机应用中，文件是主要的处理对象。使用文件保存信息的好处是可以长期保存并且便于日后使用。而用户并不想关心文件是如何存放在外存上的，只是希望直接通过文件名就能使用它，为了减轻用户的负担并保证系统的安全，操作系统设计了对存储在外存中的信息进行管理的功能，这部分功能称为文件管理或文件系统。

（一）文件与文件系统

1. 文件

文件是具有文件名的一组相关信息的集合。通常，文件由若干个记录组成。记录是一些相关数据项的集合，而数据项是数据组织中可以命名的最小逻辑单位。例如，每个学生信息记录由学号、姓名、性别、系别、班级等数据项组成。一个学校的学生信息记录就组成了一个文件。

文件具有以下 3 个基本特征：

①文件的内容为一组相关信息，可以是源程序、待处理的数据、声音、图像等。

②文件具有保存性，文件被存放在磁盘、光盘等存储介质上，其内容可以被长期保存和多次使用。

③文件可按名存取，每个文件都具有唯一的标识名信息，而无需了解文件所在的存储介质。

2. 文件系统

文件系统是指操作系统中负责管理和存取文件的程序模块。它是由管理文件所需的数据结构（如文件控制块、存储分配表）和相应的管理软件以及访问文件的一组操作所组成。

从系统角度看，文件系统是对文件的存储空间进行组织和分配，负责文件的存储并对存入文件进行保护和检索的系统。具体来说，文件系统负责为用户建立、撤销、读写、修改和复制文件。从用户角度看，文件系统主要实现了按名存取。也就是说，当用户要求系统保存一个已命名文件时，文件系统根据一定的格式将用户的文件存放到文件存储器中适当的地方；当用户需要使用文件时，系统根据用户所给的文件名能够从文件存储器中找到所需要的文件。

随着操作系统的不断发展，越来越多的功能强大的文件系统不断涌现。这里，列出一些具有代表性的文件系统。

①Ext2：Linux 最为常用的文件系统，设计易于向后兼容，所以新版的文件系统代码不必改动就可以支持已有的文件系统。

②NFS：网络文件系统，允许多台计算机之间共享文件系统，易于从网络中的计算机上存取文件。

③HPFS：高性能文件系统，是 IBM OS/2 的文件系统。

④FAT：经过了 MS‐DOS、Windows 3x、Windows 9x、Windows NT、Windows XP 和 OS/2 等操作系统的不断改进，它已经发展成为包含 FAT12、FAT16 和 FAT32 的庞大家族。

⑤NTFS：NTFS 是微软为了配合 Windows NT 的推出而设计的文件系统，为系统提供了极大的安全性和可靠性。

（二）文件的分类

在文件系统中，为了有效、方便地管理文件，常常把文件从不同的角度进行分类。常见的分类方法通常有以下几种。

1. 按性质和用途分类

①系统文件。该类文件用户只能通过操作系统调用来执行，不允许用户对其进行读写和修改操作。这些文件主要由操作系统的核心、各种系统应用程序和数据组成。

②库文件。指由系统提供给用户使用的各种标准过程、函数和应用程序文件。这类文件允许用户调用和查看，但不允许修改，如 C 语言的函数库。

③用户文件。指用户委托文件系统保存的文件，如源程序、目标程序、原始数据等。这类文件只有文件的所有者或所有者授权的用户才能使用。

2. 按数据形式分类

①源文件。指由源程序和数据构成的文件。通常由终端或输入设备输入的源程序和数据所形成的文件都属于源文件。源文件一般由 ASCII 码或汉字组成。

②目标文件。指源文件经过编译以后尚未链接的目标代码所形成的文件。它属于二进制文件，通常使用的后缀名是".obj"。

③可执行文件。经编译后所产生的目标代码，由链接程序链接后所形

成的可以运行的文件。通常使用的后缀名是".exe"。

3. 按保护级别分类

①只读文件。允许所有者或授权用户对文件进行读,但不允许写。

②读写文件。允许所有者或授权用户对文件进行读、写,但禁止未核准用户读、写。

③执行文件。允许被核准的用户调用执行,但不允许对它们进行读写。

④不保护文件。不加任何访问限制的文件。

4. 按信息流向分类

①输入文件。如读卡机或纸带输入机上的文件,只能读入,所以它们是输入文件。

②输出文件。如打印机上的文件,只能写,所以它们是输出文件。

③输入/输出文件。如磁带、磁盘上的文件,既可以读又可以写,所以它们是输入/输出文件。

二、文件结构

文件结构是指文件的组织形式。对任何一个文件,都存在着两种形式的结构:

①文件的逻辑结构。是指从用户观点出发所看到的文件组织形式,是用户可以直接处理的数据及其结构。

②文件的物理结构。是指文件在外存上的存储组织形式,它直接关系到存储空间的利用率。

文件的逻辑结构与存储设备特性无关,但文件的物理结构与存储设备的特性有很大关系。

(一) 文件的逻辑结构

文件的逻辑结构可分为两类:一是有结构文件,它是由一个以上的记录构成的文件,故又称为记录式文件;二是无结构文件,它是指由字符流构成的文件，故又称为流式文件。

1. 记录式文件

用户在计算机系统中生成和使用的文件大多数都是记录式文件。记录式文件是用户把文件内的信息按逻辑上独立的含义划分信息单位，每一个单位称为一条逻辑记录，文件由若干个记录构成，记录可按某种原则编号为记录 1，记录 2，…，记录 n。

在记录式文件中，所有的记录通常都是属于一个实体集的，有着相同或不同数目的数据项。根据记录的长度可分为定长记录文件和变长记录文件两类。

①定长记录。即文件中所有记录的长度都是相同的。所有记录中各数据项都处在记录中相同的位置，具有相同的顺序及相同的长度，文件的长度用记录的数目表示。定长记录的文件处理方便、开销小，被广泛地运用于数据处理中，是较常用的一种记录格式。当一个记录中的某些数据项没有值时，也必须占用一定的空间，这样就浪费了存储空间。

②不定长记录。也称为变长记录，即文件中各记录的长度是不相同的，连每条记录中包含的数据项目也可能不同，数据项本身的长度不定，文件长度由记录个数所决定。其特点是记录组成灵活、存储空间浪费小。如存放学生数据的文件中，各个记录的简历数据项存放的数据长度不定。其不足是，记录处理不方便，大多数只能采取顺序处理方式，不能采取随机处理方式。

2. 流式文件

流式文件是指对文件内信息不再划分为独立的单位，它是依次的一串字符流构成的文件。流式文件内的数据不再组成记录，只是一串字节。文件的长度直接按字节来计算。例如：在 Windows 操作系统中由写字板或记事本生成的不分段的文件，在 Visual Basic 语言中生成的二进制文件也是流式文件。对流式文件的存取需要指定起始字节和字节数。

大量的源程序、可执行程序、库函数等采用的都是无结构的流式文件形式，其长度以字节为单位。在 UNIX 系统中，所有的文件都被看作是流式文件，即使是有结构的文件，也被视为流式文件，系统不对文件进行格式处理。对流式文件的访问是利用读写指针来指出下一个要访问的字符。

流式文件对操作系统而言管理比较方便，对用户而言，则适用于进行字符流的处理，也可以不受约束地、灵活地组织其文件内部的逻辑结构。

（二）文件的物理结构

文件的物理结构，又称为文件的存储结构，是指一个文件在外存上的存储组织形式，它与存储介质的存储特性有关。为了有效地管理文件存储空间，通常将其划分为大小相等的物理块，物理块是分配及传输信息的基本单位。物理块长度一般是固定的，比如磁带或磁盘上常以 512 字节或 1 024 字节为一块。物理块的大小与设备有关，但与逻辑记录的大小无关，因此一个物理块中可以存放若干个逻辑记录，一个逻辑记录也可以存放在若干个物理块中。为了有效地利用外存设备和便于系统管理，一般也把文件信息划分为与物理存储块大小相等的逻辑块。常见的文件物理结构有以下几种形式。

1. 顺序结构

顺序结构又称连续结构，是最简单的一种物理结构。顺序结构将一个在逻辑上连续的文件信息依次存放在外存连续的物理块中，即所谓的逻辑上连续，物理上也连续。以顺序结构存放的文件称为顺序文件或连续文件。如图 5-1 所示，一个逻辑块号为 0、1、2、3 的文件依次存放在物理块 10~13 中。

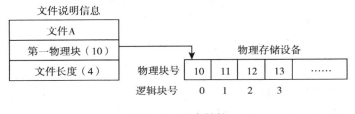

图 5-1　顺序结构

顺序文件的主要优点是顺序存取时速度较快；当文件为定长记录文件

时，还可以根据文件起始地址及记录长度进行随机访问。但文件存储要求连续的存储空间，因此会产生碎片，同时也不利于文件的动态扩充。

2. 链接结构

链接结构又称串联结构，它将一个逻辑文件的信息存放在外存的若干个物理块中，这些物理块可以不连续。为了使系统能方便地找到后续的文件信息，在每一个物理块中设置一个指针，指向该文件的下一个物理块的位置，从而使得存放同一个文件的物理块链接起来。采用链接结构存放的文件称为链接文件或串联文件。如图 5-2 所示为一个文件采用的链接结构，它分别存放在 4 个不连续的物理块中。

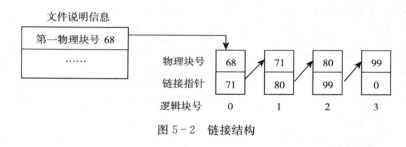

图 5-2　链接结构

显然，使用链接结构时，不必在文件说明信息中说明文件的长度，只要指明该文件存放的第一个物理块号即可。

链接文件的优点是可以解决外存的碎片问题，因而提高了外存空间的利用率，同时文件的动态增长也很方便。但链接文件只能按照文件的指针链顺序访问，因而查找效率较低。因此，链接文件的访问方式应该是顺序访问，不宜随机存取。另外，链接指针需要占据一定的存储空间。

3. 索引结构

索引结构将一个逻辑文件的信息存放于外存的若干个物理块中，这些物理块可以不连续。系统为每个文件建立一个索引表，索引表中的每个表项存放文件信息所在的逻辑块号和与之对应的物理块号。以索引结构存放的文件称为索引文件。索引结构如图 5-3 所示。

索引文件的优点是既适合顺序访问，又可较为方便地实现随机存取；还可以满足文件动态增长的需要。但是，当文件的记录数很多时，索引表

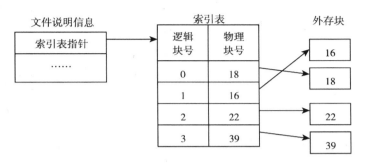

图 5-3   索引结构

就会很庞大而占用较多的存储资源。一个较好的解决办法是采用多级索引，如图 5-4 所示，为索引表再建立索引（二级索引结构）。

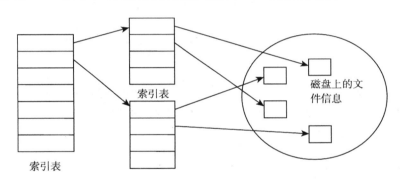

图 5-4   二级索引结构

（三）文件的存取方法

文件的基本作用是存储信息。当使用文件时，必须将文件信息读入计算机内存中。文件的存取方法是指用户在使用文件时按何种次序存取文件。通常有三种文件存取方法：顺序存取、随机存取和按键存取。

1. 顺序存取

顺序存取是按照文件信息的逻辑顺序依次存取。在记录式文件中，顺序存取反映为按记录的排列顺序来存取。如果当前存取的记录为 R_i，则下次要存取的记录自动地确定为 R_{i+1}。在流式文件中，顺序存取反映为当前读写指针的变化，即在存取完一段信息之后，读写指针自动加上这段信息的长度，以便指出下次存取的位置。

2. 随机存取

随机存取（又称直接存取）允许按任意顺序存取文件中的任何一个记录，可以根据记录的编号来随机存取文件中的任意一个记录，或者是根据存取命令把读写指针移到欲读写信息处。在流式文件中，随机存取必须事先用必要的命令把读写指针移到欲读写的信息开始处，然后再进行读写。

3. 按键存取

按键存取是一种用在复杂文件系统，特别是数据库管理系统中的存取方法。按键存取实质上也是随机存取，它不是根据记录号或地址来存取，而是根据文件记录中的数据项（通常称为键）的内容进行存取。

三、文件存储空间的分配与管理

为了实现文件系统，必须解决文件存储空间的分配和回收问题，还应对文件存储空间进行有效的管理。本节主要讨论文件存储空间的分配和空闲存储空间的管理方法。

（一）文件存储空间的分配

一般来说，文件存储空间的分配常采用两种方式：静态分配和动态分配。静态分配是在文件建立时一次分配所需的全部空间；而动态分配则是根据动态增长的文件长度进行分配，甚至可以一次分配一个物理块。在分配区域大小上，也可以采用不同方法。可以为文件分配一个完整的区域以装下整个文件，这就是文件的连续分配。但文件存储空间的分配通常以块或簇（几个连续物理块称为簇，一般是固定大小）为单位。常用的文件存储空间分配方法有：连续分配、链接分配、索引分配。

1. 连续分配

连续分配是最简单的磁盘空间分配策略，该方法要求为文件分配连续的磁盘区域。在这种分配算法中，用户必须在分配前说明待创建文件所需要的存储空间大小，然后系统查找空闲区的管理表格，看看是否有足够大的空闲区供其使用。图 5-5 给出了连续分配的示例。

文件目录

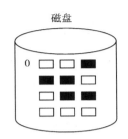

文件名	起始块号	长度
A	72	3
B	7	2
……	……	……

图 5-5　磁盘空间的连续分配

在图 5-5 中，文件 A 的起始盘块号为 2，文件长度为 3，表示它占用的盘块依次为 2、3、4。文件 B 的起始盘块号为 7，文件长度为 2，表示它占用的盘块依次为 7、8。为了记录各文件的存储分配及其他情况，每个文件在文件目录中占一个表项，表项中包括文件名、起始块号、文件长度等。

连续分配的优点是查找速度比其他方法要快，目录中关于文件物理存储位置的信息也比较简单，只需要起始块号和文件大小。其主要缺点是容易产生碎片问题，需要定期进行存储空间的紧缩。很显然，这种分配方法不适合文件随时间动态增长和减少的情况，也不适合用户事先不知道文件有多大的应用情况。

2. 链接分配

对于文件长度需要动态增减以及用户不知道文件有多大的应用情况，往往采用链接分配。这种分配策略通常有以下两种实现方案。

（1）以扇区为单位的链接分配

按文件的要求分配若干个磁盘扇区，这些扇区在磁盘上可以不相邻接，属于同一个文件的各扇区按文件记录的逻辑次序用链接指针连接起来。图 5-6 给出了链接分配的示例。

在图 5-6 中，文件 B 的起始盘块号为 2，文件长度为 6，从 1 号盘块中的链接指针可以知道文件的下一个存放盘块为 3，依次类推可以知道存

文件目录

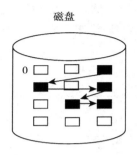

磁盘

文件名	起始块号	长度
……	……	……
B	2	5

图 5-6　磁盘空间的链接分配

放文件的后续盘块依次为 5、7、8。

当文件需要增长时，就为文件分配新的空闲扇区，并将其链接到文件链上。同样，当文件缩短时，将释放的扇区归还给系统。

链接分配的优点是消除了碎片问题（消除了外部碎片，类似于内存管理中的分页策略）。但是检索逻辑上连续的记录时，查寻时间较长，同时链接指针的维护有一些开销，且链接指针也要占用存储空间。

（2）以区段（或簇）为单位的链接分配

这是一种广为使用的分配策略，其实质是连续分配和非连续分配的结合。通常，扇区是磁盘和内存间信息交换的基本单位，所以常以扇区作为最小的磁盘空间分配单位。该分配策略不是以扇区为单位进行分配，而是以区段（或簇）为单位进行分配。区段是由若干个（在一个特定系统中其数目是固定的）连续扇区组成的。一个区段往往由一条或几条磁道组成，文件所属的各区段可以用链接指针、索引表等方法来管理。当为文件动态分配一个新区段时，该区段应尽量靠近文件的已有区段，减少查寻时间。

此策略的优点是对辅存的管理效率较高，并减少了文件访问的查寻时间，所以被广为使用。

3. 索引分配

链接分配方式虽然解决了连续分配方式中存在的问题，但又出现了新的问题。首先，当要求随机访问文件中的一个记录时，需要按链接指针依次进行查找，这样查找十分缓慢。其次，链接指针要占用一定数量的磁盘空间。

在索引分配方式中,系统为每个文件分配一个索引块,索引块中存放索引表,索引表中的每个表项对应分配给该文件的一个物理块。图 5-7 给出了索引分配的示例。

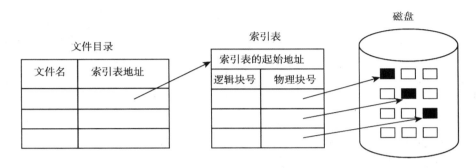

图 5-7 磁盘空间的索引分配

索引分配方式不仅支持随机访问,而且不会产生外部碎片,文件长度受限制的问题也得到了解决。其缺点是由于索引块的分配增加了系统存储空间的开销。对于索引分配方式,索引块的大小选择是一个很重要的问题。为了节约磁盘空间,希望索引块越小越好。但索引块太小无法支持大文件,所以要采用一些技术来解决这个问题。另外,存取文件需要两次访问外存(首先要读取索引块的内容,然后再访问具体的磁盘块),因而降低了文件的存取速度。为此,可以在访问文件时,先将索引表调入内存。当文件太大时,可建立二级索引。

(二) 空闲存储空间的管理

为了实现对文件存储空间的管理,系统应记住空闲存储空间的情况,以便实施存储空间的分配。下面介绍几种常用的空闲存储空间管理方法。

1. 空闲文件目录

空闲文件目录将文件存储设备上的每个连续空闲区看作一个空闲文件(又称空白文件或自由文件)。系统为所有空闲文件单独建立一个目录,每个空闲文件在这个目录中占一个表项。表项的内容包括：第一个空闲块的地址（物理块号）、空闲块的数目和对应的物理块号，如表5-1所示。

表5-1 空闲文件目录

序号	第一个空闲块号	空闲块个数	物理块号
1	2	5	2, 3, 4, 5, 6
2	16	6	16, 17, 18, ……
3	50	18	50, 51, ……
4	80	6	80, 81, ……
……	……	……	……

这种空闲文件目录方法类似于内存动态分区的管理。当某用户请求分配存储空间时，系统依次扫描空闲文件目录，直到找到一个满足要求的空闲文件为止。若空闲文件的大小与用户申请的空间大小相等，则将该表项从空闲文件目录中删除；若该空闲文件的容量大于用户申请的空间容量，则要对该空闲文件进行划分，一部分分配给用户，剩余部分仍然留在空闲文件目录中。

当用户撤销一个文件时，系统回收该文件所占用的空间，这时也需要顺序扫描空闲文件目录。如果回收盘块与已有空闲文件邻接，则需要将它们合并为一个大的空闲文件；若回收盘块与已有空闲文件不邻接，则应寻找一个空表项，并将回收空间的第一个物理块号及它所占的块数填到这个表项中。

仅当文件存储空间中只有少量空闲文件时，这种方法才有较好的效果。如果存储空间中有大量的小空闲文件，则是空闲文件目录将变得很大，因而其效率降低。

2. 空闲块链

空闲块链方法将文件存储设备上的所有空闲块（又称自由块或空白块）链接在一起，并设置一个头指针指向空闲块链的第一个物理块，最后一个物理块的指针为空（图5-8）。这种对空闲文件空间的管理方法类似于文件的链接结构，只是链表上的盘块都是空闲块而已。

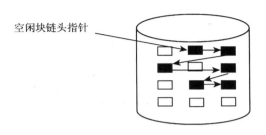

图 5-8　空闲块链示意图

当用户建立文件时，就按需要从链首依次取下几个空闲块分配给文件。当撤销文件时，回收其存储空间，并将回收的空闲块依次链入空闲块链中。

这种方法的优点是实现简单，但工作效率低。因为每当在链表上增加或移去空闲块时，对空闲块链要做较大的调整，因而会有较大的系统开销。

3. 位示图

这种方法是为文件存储器建立一张位示图（也称位图），以反映整个存储空间的分配情况。在位示图中，每一个二进制位都对应一个物理块，当某位为"1"时，表示对应的物理块已分配，若某位为"0"，则表示对应的物理块空闲（图 5-9）。

0 位	1 位	2 位	……	31 位
1	1	0	……	1
	0	1	……	1
⋮	⋮	⋮	⋮	⋮
1	1	0	……	0

图 5-9　位示图

当请求分配存储空间时，系统顺序扫描位示图并按需要从中找出一组值为"0"的二进制位，再经过简单的换算就可以得到相应的盘块号，再将这些位置"1"。当回收存储空间时，只需将位示图中的相应位清"0"即可。

位示图的大小由磁盘空间的大小（物理块总数）确定，因为位示图仅用一个二进制位代表一个物理块，所以它通常比较小，可以保存在内存中，这就使得存储空间的分配与回收较快。但采用这种方法时，需要进行位示图中二进制所在位置与盘块号之间的转换。

四、文件目录管理

系统中的文件种类繁多，数量庞大，为了使用户方便地找到所需文件，提高系统查找文件的效率，应对它们加以适当的组织。文件的组织可以通过目录来实现。目录的设计对文件系统是非常重要的，直接影响文件系统的性能，而对文件的操作也都要通过对目录的操作实现。

（一）文件目录的基本概念

1. 文件的组成

从文件的管理角度看，一个文件包括两部分：文件体和文件控制块。文件体即文件本身，例如前面介绍过的记录式文件或字符流式文件。文件控制块（FCB：File Control Block）也叫文件说明，它是为文件设置的用于描述和控制文件的数据结构。文件管理程序借助于文件控制块中的信息，实现对文件的各种操作。文件与文件控制块一一对应。

在不同的系统中，文件控制块的内容和格式也不完全相同。通常，在文件控制块中包括以下三类信息：基本信息、存取控制信息和使用信息。

（1）基本信息

文件的基本信息包括文件名、用户名、物理位置、逻辑结构和物理结构。

①文件名。供用户使用的标识文件的符号。在每个系统中，文件必须具有唯一的名字，用户可利用该名字进行存取。

②用户名。标识文件的产生者。

③文件的物理位置。具体说明文件在外存的物理位置和范围，包括存放文件的设备名、文件在外存上的盘块号、指示文件所占用的磁盘块数或字节数的文件长度。对于不同的文件物理结构，应给出不同的说明。对于

顺序结构，应说明用户文件第一个逻辑记录的物理地址及整个文件长度。对于链式结构，应说明文件首、末记录的物理地址。对于索引结构，则应说明索引表指出每个逻辑记录的物理地址及记录长度。对于多级索引，文件控制块中还应包含最高级的索引表。

④文件逻辑结构。表明指示文件是流式文件还是记录式文件，对于记录式文件，则应说明是定长记录还是变长记录。

⑤文件的物理结构。指示该文件属于顺序结构、链式结构或是索引结构。

（2）存取控制信息

存取控制信息包括文件的属主所具有的存取权限、核准用户的存取权限和一般用户的存取权限。

（3）使用信息

使用信息包括文件的建立日期和时间、文件上一次修改的日期和时间。

由此可见，文件目录建立了文件名和文件在外存的存储地址的映射，有了文件目录之后，当用户要求存取某一指定文件时，给出相应文件名，系统查找该目录表，找到相应的目录项，在通过了存取权限验证之后，就可由文件的第一物理块号和本次存取的记录号来确定要访问的物理块，实现了"按名存取"。

文件建立时仅在目录表中申请一个空闲项，填入文件名及其他有关信息；文件删除时，将该目录项标志改为空闲。

2. 文件目录

通常，在现代计算机系统中，都要存储大量的文件。为了能对这些文件实施有效的管理，必须对它们合理组织，这主要是通过文件目录实现的。文件目录是指存放文件有关信息的一种数据结构。它包含多条记录，每条记录为一个文件的文件控制块（FCB）的有关信息。最简单的记录包含文件名和文件的起始地址，以建立文件名和存储地址的对应关系。较复杂的记录包含文件控制块的全部内容，此时，文件目录就是文件控制块的集合。

文件目录是文件实现按名存取的重要手段。通常，一个文件目录也被看成一个文件，称为目录文件，它一般建立在辅存上。文件目录的管理形式可以分为一级目录、二级目录、多级目录三种。

对文件目录的管理有以下要求：

• 实现"按名存取"。即用户只需向系统提供所需访问的文件名，便能快速准确地找到指定文件在外存上的存储位置。这是目录管理中最基本的功能，也是文件系统向用户提供的最基本的服务。

• 提高对目录的检索速度。通过合理地组织目录结构，可以加快对目录的检索速度，从而加快对文件的存取速度。这是在设计一个大、中型文件系统时所追求的主要目标。

• 允许文件共享。在多用户系统中，应允许多个用户共享一个文件，这样，只需在外存中保留一份该文件的副本，供不同用户使用，以节省大量的存储空间并方便用户使用。

• 允许文件重名。系统应允许不同用户对不同文件取相同的名字，以便于用户按照自己的习惯命名和使用文件。

（二）一级目录

1. 基本原理

一级目录，也称为单级目录，是一种最简单、最原始的目录结构。它采用的方法是为外存的全部文件设立一张如图 5-10 所示的目录表。每个文件占据表中的一条记录。表中包括全部文件的文件名、存储文件的物理地址以及文件的其他属性，如文件长度、文件类型等。该目录表存放在外存的某个固定区域，需要时系统将其全部或部分调入主存。这种简单文件目录在早期的文件系统和一些简单微机操作系统中普遍使用。

文件系统通过该目录表提供的信息对文件进行创建、搜索和删除等操作。

（1）当建立一个新文件时，首先确定该文件在表目中是否唯一，若不与已有的文件名冲突，则从目录表中找出一个空表目，将新文件的相关信息填入其中。

（2）当删除文件时，首先从目录表中找到该文件的目录项，从中找到该文件的物理地址，对它们进行回收，然后再清除所占用的目录项。

文件目录

文件名	物理地址	其他属性
文件 1		
文件 2		
文件……		
文件 n		

图 5 - 10　一级目录

（3）当对文件进行访问时，系统首先根据文件名去查找目录表以确定该文件是否存在，如果存在，找出该文件的物理地址，经过合法性检查后完成对文件的操作；否则，显示文件不存在的信息。

2. 特点

采用一级目录管理文件，具有以下特点：

• 目录结构易于实现，管理简单，只需要建立一个文件目录，对文件的所有操作都是通过该文件目录实现的。

• 不允许文件重名。一级目录下的文件不允许和另一个文件有相同的名字，但是对于多用户系统来说，这又是很难避免的。即使是单用户环境，当文件数量很大时，也很难弄清到底有哪些文件，这就导致文件系统极难管理。因此现代操作系统已很少使用这种结构。

• 当文件较多时，查找时间较长。如果系统中的文件很多，文件目录自然就会很大。按文件名去查找一个文件，平均需要搜索半个目录文件，时间效率低。

（三）二级目录

1. 基本原理

为了克服一级目录结构所存在的缺点，一级目录被扩充成二级目录。

二级目录结构将文件目录分成主文件目录和用户文件目录两级。系统为每个用户建立一个单独的用户文件目录 UFD（User File Directory），其中的表项登记了该用户建立的所有文件及其说明信息。主文件目录 MFD（Master File Directory）则记录系统中各个用户文件目录的情况，每个用户占一个表项，表项中包括用户名及相应用户目录所在的存储位置等。这样就形成了二级目录，如图 5-11 所示。

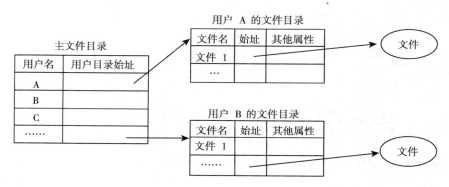

图 5-11　二级目录

当用户要访问一个文件时，系统先根据用户名在主文件目录中查找该用户的文件目录，然后再根据文件名，在其用户文件目录中找出相应的目录项，从中得到该文件的物理地址，进而完成对文件的访问。

当用户想建立一个文件时，如果是新用户，即主文件目录表中无此用户的相应登记项，则系统为其在主目录中分配一个表项，并为其分配存放用户文件目录的存储空间，同时在用户文件目录中为新文件分配一个表项，然后在表项中填入有关信息。

文件删除时，只需在用户文件目录中删除该文件的目录项。如果删除后该用户目录表为空，则表明该用户已脱离了系统，从而可以将主文件目录表中该用户的对应项删除。

2. 特点

采用二级目录管理具有以下特点：

- 提高了检索目录的速度。如果在主目录中有 n 个用户文件目录，每个用户文件目录最多有 m 个目录项，在二级目录结构中，要找到一个指定文件的目录项，最多只需检索 $m+n$ 项；但如果采用一级目录结构，最多需要检查 $m \times n$ 项。显然，采用二级目录结构有效地提高了检索目录的速度。

● 解决文件重名问题。在二级目录结构中，有效地将多个用户隔离开。在不同的用户目录中，可以使用相同的文件名，只要在该用户自己的 UFD 中不重名即可。

● 可以使不同用户共享同一个文件。只要在用户目录表中指向同一个文件的物理地址，就可以使不同的用户共享一个文件。

● 可实现对文件的保护和保密。在二级目录结构中，可以为用户文件目录设置口令，进而保护该目录下的用户文件。

● 二级文件目录虽然解决了不同用户之间文件同名的问题，但同一用户的文件不能同名。当一个用户的文件很多时，这个矛盾就比较突出了。

（四）多级目录

1. 基本原理

为了解决用户文件同名的问题，可以把二级目录的层次关系加以推广，就形成了多级目录。在二级目录结构中，如果进一步允许用户创建自己的子目录并相应地组织自己的文件，即可形成三级目录结构，依此类推，还可进一步形成多级目录。通常把三级或三级以上的目录结构称为树型目录结构。

在树型目录结构中，第一级目录称为根目录（树根），目录树中的非叶节点均为目录文件（又称子目录），叶节点为文件。图 5-12 给出了多级目录结构示例。目前使用的操作系统如 UNIX、Windows 和 MS-DOS 系统中都采用了树型目录结构。

当要访问某个文件时，往往使用该文件的路径名来标识文件。文件的路径名是从根目录出发，直到找到需要的文件，将经过的各目录名用分隔符（通常是"\"）连接起来而形成的字符串。从根目录出发的路径称为绝对路径。当目录的层次较多时，从根目录出发查找文件很费时间。为此

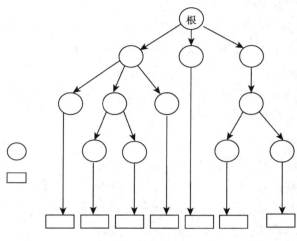

图 5-12　树型目录结构

引入了当前目录，即由用户在一定时间内指定某个目录为当前目录，当用户要访问某个文件时，只需给出从当前目录出发到要查找的文件之间的路径。从当前目录出发的路径称为相对路径。用相对路径可缩短搜索路径，提高搜索速度。

2. 特点

采用多级目录管理具有以下特点：

• 层次清楚。采用树型结构，系统或用户可以把不同类型的文件登录在不同的子目录下。即不同性质、不同用户的文件构成不同的子目录树，便于查找和管理；而且不同层次和不同用户的文件可以被赋于不同的存取权限，有利于文件的保护。

• 解决了用户文件重名问题。在树型目录结构中，不仅允许不同的用户使用相同的名字去命名文件，而且允许同一个用户在自己的不同目录中使用相同的名字。文件在系统中的搜索路径决定了只要在同一子目录下的文件名不重复，就可以实现按名存取。

• 搜索速度快。因为文件的查找时间分为目录比较时间和文件比较时间。目录比较是按层次进行的，比较次数少，文件比较时间是与存放文件的目录中的文件名比较，这样提高了搜索速度。

五、文件共享与安全

如果一个文件只能被一个用户使用，若多个用户使用同一个文件内容，必须制作多个副本，这样就浪费了大量的存储空间，由此引入了文件的共享问题。

（一）文件共享

1. 基本概念

文件共享是指一个文件可以被多个用户共同使用。文件的共享不仅可以减少文件复制操作所花费的时间，还有效地节省了大量的存储空间，并且为不同用户完成各自的任务所必需。

实现文件共享可以节省大量的辅存空间和主存空间，可以减少输入输出操作，可以为用户间的合作提供便利条件。文件共享并不意味着用户可以不加限制地随意使用文件，那样文件的安全性和保密性将无法保证。也就是说，文件的共享是有条件的，是要加以控制的。因此，文件共享要解决两个问题：一是如何实现共享，二是对各类共享文件的用户进行操作权限的控制。

文件的共享分两种情况：一是任何时刻只允许一个用户使用被共享的文件，即允许多用户使用，但一次只能由一个用户使用，其他用户需要等到当前用户使用完毕将该文件关闭后才能使用；二是允许多个用户同时使用同一个共享文件。此时，只允许多个用户同时打开共享文件进行读操作，不允许多个用户同时打开文件后进行写操作，也不允许多个用户同时打开文件后同时进行读、写操作，这样做可以防止文件受到不必要的破坏，以保护文件中信息的完整性。

随着计算机技术的发展，文件共享的范围随之不断地扩大，从单机系统中的共享，扩展到多机系统，进而又扩展到计算机网络上的共享。

2. 实现文件共享的方法

下面介绍几种常见的实现文件共享的方法。

（1）绕道法

在绕道法中，用户对所有文件的访问都是相对于当前目录进行的，当所访问的共享文件不在当前目录下时，从当前目录出发向上返回到共享文件所在路径的交叉点，再沿路径下行到共享文件。

绕道法要求用户指定到达被共享文件的路径，并要回溯访问多级目录，因此，共享其他目录下的文件的搜索速度较慢。

（2）链接法

为了提高对共享文件的访问速度，可在相应的目录项之间进行链接。具体方法是使一个目录中的目录项直接指向另一个目录中的目录项，在采用链接法实现文件共享时，应在文件说明中增加"连访属性"，以指示文件说明中的物理地址是一个指向文件还是共享文件的目录项的指针，同时也应包括可以共享该文件的"用户计数"，用来表示共有多少用户需要使用此文件。当没有任何用户需要此文件时，可将此共享文件撤销。

（3）基本文件目录法

基本文件目录法把所有文件目录的内容分成两部分：一部分包括文件的说明信息，如文件存放的物理地址、存取控制信息和管理信息等，并由系统赋予唯一的内部标识符来标识；另一部分则由用户给出的符号名和系统赋给文件说明信息的内部标识符组成。这两部分分别称为符号文件目录表（SFD）和基本文件目录表（BFD）。

采用基本文件目录法可以较方便地实现文件共享。如果用户要共享某个文件，则只需要在相应的目录文件中增加一个目录项，在其中填上一个符号名及被共享文件的标识符。

（二）文件安全

随着计算机科学和网络的发展，文件的安全性，也就是文件的保护和保密显得越来越重要，在开发操作系统的时候，必须为用户提供更多的提高文件安全性的措施。

文件安全是指避免合法用户有意或无意的错误操作破坏了文件，或非法用户访问文件。在现代计算机系统中，存放了越来越多的宝贵信息供用户使用，给人们带来了极大的好处和方便，但同时也潜在有不安全性。影响文件安全性的主要因素有：

- 人为因素。由于人们有意或无意的行为，使文件系统中的数据遭到破坏或丢失。
- 系统因素。由于系统的某部分出现异常情况，造成对数据的破坏或丢失，特别是作为数据存储介质的磁盘，在出现故障或损坏时，会对文件系统的安全性造成影响。
- 自然因素。存放在磁盘上的数据，随着时间的推移而发生溢出或逐渐消失。

为了确保文件系统的安全性，可采取以下措施：

- 通过存取控制机制来防止由人为因素引起的文件不安全性。
- 通过系统容错技术来防止系统部分的故障所造成的文件不安全性。
- 通过"后备系统"来防止由自然因素所造成的不安全性。

文件系统实现共享时，必须考虑文件的安全性，文件的安全性体现在文件的保护与文件的保密两个方面。

1. 文件保护

文件保护是指在计算机系统发生硬件故障、软件错误、用户操作失误、系统受到病毒感染或遭到恶意攻击时，操作系统能采取措施，使得系统中的系统文件和用户文件不被破坏。文件保护可以采用的措施有：

（1）防止系统故障造成的破坏

为了防止系统故障造成的破坏，文件系统可以采用建立副本和定时转储的方法来保护文件。建立副本是指把同一个文件存放到不同的存储介质上，当某一个存储介质上的文件被破坏时，可以用另一个存储介质上的文件副本来替换。定期转储是指定时地把文件转储到其他存储介质上。当文件发生故障时，就用转储的文件来恢复。

建立副本的方法简单，但系统开销大，且文件更新时所有副本都必须更新。这种方法适用容量较小且极为重要的文件。定时转储的方法简单，但较为费时，在转储过程中一般要停止文件系统的使用。这种方法适用于容量较大的文件。

（2）防止用户共享文件造成的破坏

为了防止用户共享文件造成的破坏，文件系统可以采用对每个文件规定使用权限的方法来保护文件。文件的使用权限可以设为：只能读、可读可写、只能执行、不能删除等。对多用户共享的文件采用树型目录结构，凡得到某级目录权限的用户就可以得到该目录所属的全部目录和文件的权限。

2. 文件保密

随着计算机和网络在各行各业中越来越深入的应用，许多国家机密、技术专利和技术机密、个人隐私等都保存在计算机上，如果不加强文件的保密措施，可能会造成不可弥补的重大损失。文件保密是指使文件本身不被未授权的用户访问，即防止他人窃取文件。实现文件保密采用的方法如下。

（1）设置口令

用户为每一个文件设置一个口令存放在文件目录的相应表目中，当用户请求访问某个文件时，首先要提供该文件的口令，经证实后才可进行相应的访问。

采用这种方法实现简单、保护信息少、节省存储空间。但是，可靠性差，不能控制存取权限，口令容易泄露或被破解，适用于一般文件的保密。

（2）加密

这种技术是针对文件内容进行的加密，内用户或系统提供加密的具体方法，在生成文件内容时，对文件信息进行加密处理。在用户要读文件时，首先要对文件内容进行解密，解密是加密的逆过程。文件加密涉及密码的编码技术，比如对文件信息依次加上一个随机数就是一种。采用这种方法保密性强，节省磁盘空间。但是，在编码和译码时，增加了系统开销。

（3）设置访问权限

设置访问权限是将每个用户的所有文件集中存放在一个用户权限表中，其中每个表目指明相对应文件的存取权限，把所有用户权限表集中存放在一个特定的存储区中，当用户对一个文件提出存取要求时，系统通过查找相应的权限表，判断其存取要求是否合法。采用这种方法文件的安全性较高。

（4）隐蔽文件目录

这种方法是把包含有保密文件的目录或文件夹隐藏起来，不显示在显示器上。只有经过授权的用户才能使用这些文件。IBM 操作系统、Windows 中都提供了这种手段。

在实际系统中，往往是把几种方法结合起来使用，充分发挥各自的优势，确保文件安全。文件保护与保密涉及用户对文件的访问权限，即文件的存取控制。

六、文件使用

为使用户能灵活方便地使用和控制文件，文件系统提供了一组进行文件操作的系统调用命令。最基本的文件操作命令有建立文件、打开文件、读/写文件、关闭文件、删除文件。

（一）文件操作

下面介绍文件系统提供的几种主要的文件操作。

1. "建立"操作

用户要求把一个新文件存放到存储介质上时，首先要向系统提出"建立"请求，此时，用户需要向系统提供相关参数：用户名、文件名、存取方式、存储设备类型等。系统在接到用户的"建立"请求后，就在文件目录中寻找空目录项进行登记。

2. "打开"操作

用户要使用一个已经存放在存储介质上的文件时，必须先提出"打开"请求。此时，用户也需要向系统提供相关参数：用户名、文件名、存取方式、存储设备类型等。系统在接到用户的"打开"请求后，找出该用户的文件目录，当文件目录不在主存时还需要把它读到主存中；然后，检索文件目录，找到与用户要求相应的目录项，取出文件存放的物理地址。如果是索引文件，还需要把该文件的索引表存放到主存中，以便后面的读操作能更快速。

3. "读/写"操作

用户要读/写文件记录时，必须先提出"读/写"请求。系统允许用户对已经执行过"打开"或"建立"操作的文件进行"读/写"操作。对于采用顺序存取方式的文件，用户只需要给出"读/写"的文件名即可；对于采用随机存取方式的文件，用户除了要给出"读/写"的文件名，还要给出"读/写"记录的编号。系统执行"读"操作时，按指定的记录号查找索引表，得到记录存放的物理地址后按地址将记录读出；执行"写"操作时，在索引表中找一个空登记项并找一个空闲的存储块，把记录存放到该空闲块中，同时在索引表中登记。

4. "关闭"操作

对于"建立"或"打开"的文件，在进行"读/写"操作完之后，需要执行"关闭"操作。执行此操作时，要检查读到主存中的文件目录或索引表是否被修改过，如果修改过，应把修改过的文件目录或索引表重新保存好。一个关闭后的文件不能再使用，需要再使用时，则必须再次执行"打开"操作。用户提出"关闭"请求时，必须说明关闭哪个文件。

5. "删除"操作

当用户确定不必保存某一个文件时，可以用删除文件的命令将它删除。系统接到此命令后，查找文件目录，将该文件从目录和索引表中删除，并收回文件所占用的文件存储空间。

删除文件必须小心，因为一旦删除就无法恢复。尤其要注意的是，在删除树形目录结构的文件时，若删除的是普通文件必须注意是否有连接，有则必须先处理连接才能删除。若删除的是目录文件，则删除的是该目录下的所有文件，必须小心。

（二）文件使用的步骤

为了保证文件系统对文件的正确管理，文件的使用应遵循一定的步骤。

为避免一个共享文件被几个用户同时使用而出现问题的情况，规定用户使用文件前先"打开"，一个文件打开后，在它被关闭之前不允许其他用户使用。用户使用文件的具体步骤如下：

1. 读文件的步骤

① "打开"文件；

② "读"文件；

③ "关闭"文件。

2. 写文件的步骤

① "建立"文件；

② "写"文件；

③ "关闭"文件。

3. 删除文件的步骤

① "关闭"文件；

② "删除"文件。

"打开""建立"和"关闭"是文件系统中的特殊操作。用户调用"打开"和"建立"操作来申请对文件的使用权，只有当系统验证使用权通过后，用户才能使用文件。用户通过"关闭"操作来归还文件的使用权。一个正在使用的文件是不允许删除的，所以，只有先归还文件的使用权后才能删除文件。

第六章 网络和分布式操作系统

网络操作系统（NOS）是网络的心脏和灵魂，是向网络计算机提供服务的特殊的操作系统。它在计算机操作系统下工作，使计算机操作系统增加了网络操作所需要的能力。NOS 与运行在工作站上的单用户操作系统或多用户操作系统由于提供的服务类型不同而有差别。一般情况下，NOS 是以使网络相关特性达到最佳为目的的，如共享数据文件、软件应用，以及共享硬盘、打印机、调制解调器、扫描仪和传真机等。一般计算机的操作系统，如 DOS 和 OS/2 等，其目的是让用户与系统及在此操作系统上运行的各种应用之间的交互作用最佳。为防止一次由一个以上的用户对文件进行访问，一般网络操作系统都具有文件加锁功能。如果系统没有这种功能，用户将不会正常工作。文件加锁功能可跟踪使用中的每个文件，并确保一次只能有一个用户对其进行编辑。文件也可由用户的口令加锁，以维持专用文件的专用性。NOS 还负责管理 LAN 用户和 LAN 打印机之间的连接。NOS 总是跟踪每一个可供使用的打印机，以及每个用户的打印请求，并对如何满足这些请求进行管理，使每个端用户感到进行操作的打印机犹如与其计算机直接相连。

一、计算机网络概述

计算机网络是指把分布在不同地理区域的计算机与专门的外部设备用通信线路互连成一个规模大、功能强的网络系统，从而使众多的计算机可以方便地互相传递信息，共享硬件、软件、数据等资源。

（一）计算机网络的组成

计算机网络一般是由网络服务器、网络工作站、网络协议、网络操作系统、网络服务和网络设备等六个部分组成。

1. 网络服务器

网络服务器实际上也是计算机，只不过它能为网络中的其他计算机和网络用户提供服务。常见的网络服务器有 Internet 服务器、数据库服务器和高性能计算机服务器等。在前面介绍的 Internet 的基本服务中，一般也是由相应的服务器完成相应的操作。比如：WWW 服务器、FTP 服务器、电子邮件服务器、DNS 服务器等。

2. 网络工作站

网络工作站是网络用户实际操作的计算机。网络用户可以通过工作站访问 Internet 上各种信息资源。

3. 网络协议

网络协议是由一个国际组织制定的一些网络通信规则和约定。网络通信协议用来协调不同网络设备之间的信息交换，它规定了每种设备识别来自另一台设备的信息。网络协议有着严格的语法和语义以及定时标准。其中语法是指所使用的数据格式；语义是指使实体（同某种网络功能有关的硬件、软件和固件）协调配合和数据管理所需的信息结构；定时含有时序、速度的匹配和对接收数据的正确排序。

4. 网络操作系统

我们都清楚，普通计算机安装的操作系统有 DOS、WINDOWS 等，计算机网络同样也需要有相应的操作系统支持。网络操作系统是网络中最重要的系统软件，是在网络环境下，用户与网络资源之间的接口，承担着整个网络系统的资源管理和任务分配。

目前，网络操作系统主要有：UNIX、Novell 公司的 Netware 和微软的 Window NT。

UNIX 操作系统是由美国电报电话公司（AT&T）下属的 Bell 实验室的两名程序员 K. 汤普逊和 D. 里奇于 1969—1970 年研制出来的。UNIX 面世以后获得了巨大的成功。UNIX 是一种典型的 32 位多任务操作系统，主要应用于大型机、小型机和工作站。其特点是：功能强大、战用系统资源小、运行效率高、运行可靠等。

Netware 操作系统充分吸收了 UNIX 的多任务、多用户的思想。主要应用于局域网。但它不支持 Internet 上的各项服务。

Windows NT 是 Microsoft 公司专为网络平台设计的 32 位操作系统。采用图形用户界面（GUI），操作简单；支持多用户，具有很强的桥接能力；支持多服务器，实现服务器间的管理信息透明传递；支持系统备份、安全性管理、容错和性能控制；支持多种传输协议，并且具有良好的兼容性和扩展性。它还具有小型机和工作站网络系统所具有的功能，如功能强大的文件系统、带有优先权的多任务/多线索环境、支持对称多处理机系统、拥有兼容于分布计算环境（DCE，Distributing Computing Environment）的远程过程调用。

5. 网络服务

网络服务是指计算机网络中信息处理和资源共享的能力，如电子邮件、文件和打印共享等、数据查询等。

6. 网络设备

指网络中的计算机之间的连接设备，如通信电缆、网络接口适配器（网卡）、集线器、交换机、网桥和路由器等。

需指出，路由器是 Internet 实现互联的标准设备。Internet 使用一种专用计算机将网络互联起来，这种专用设备同普通计算机一样，具有 CPU、内存、和网卡等硬件设备，但在这上面没有应用程序运行。路由器起着寻址的作用，相当于现实中的"邮局"，将信息从一个网络发送到另一网络，直至目的地。

（二）计算机网络的功能

计算机网络有许多功能，如可以进行数据通信、资源共享等。下面简单地介绍一下它的主要功能。

1. 数据通信

数据通信即实现计算机与终端、计算机与计算机间的数据传输，是计算机网络的最基本的功能，也是实现其他功能的基础。如电子邮件、传真、远程数据交换等。

2. 资源共享

计算机网络的主要目的是实现共享资源。一般情况下，网络中可共享的资源有硬件资源、软件资源和数据资源，其中共享数据资源最为重要。

3. 远程传输

计算机已经由科学计算向数据处理方向发展，由单机向网络方向发展，且发展的速度很快。分布在很远的用户可以互相传输数据信息，互相交流，协同工作。

4. 集中管理

计算机网络技术的发展和应用，已使得现代办公、经营管理等发生了很大的变化。目前，已经有许多 MIS 系统、OA 系统等，通过这些系统可以实现日常工作的集中管理，提高工作效率，增加经济效益。

5. 实现分布式处理

网络技术的发展，使得分布式计算成为可能。对于大型的课题，可以分为许许多多的小题目，由不同的计算机分别完成，然后再集中起来解决问题。

6. 负载平衡

负载平衡是指工作被均匀地分配给网络上的各台计算机。网络控制中心负责分配和检测，当某台计算机负载过重时，系统会自动转移部分工作到负载较轻的计算机中去处理。

（三）计算机网络的应用

计算机提供的服务主要有：

1. WWW 服务

WWW 即 World Wide Web，又称"万维网"它是互联网上集文本、声音、图像、视频等多种媒体信息于一身的信息服务系统。

2. 电子邮件服务

即 E-mail，以电子方式传递。只要通信双方都有电子邮件地址，便可以交互往返邮件。

3. DNS 服务

DNS 服务用来解析域名与 IP 地址之间的转换工作。

4. FTP 服务

文件传输协议 FTP（File Transfer Protocol）把客户的请求告诉服务器，并将服务器发回的结果显示出来。

5. 数据库服务

传统的数据库分为集中式数据库和分布式数据库两种。

（1）集中式数据库

集中式数据库是以系统共享主存储器为特征。

（2）分布式数据库

分布式数据库主要用于网络系统，特别适合于网络管理信息系统。

6. 多媒体应用

随着网络应用技术的发展，网络应用出现了一种崭新的形式，即结合多种媒体信号，进行信息交流。

①可视图文；

②电视会议；

③VOD（Video‐On‐Demand）点播系统；

④网络电话和 WAP 手机；

⑤网络娱乐。

7. 管理服务

网络管理的服务内容很多，下面列出一些最重要的服务。

①流量监测和控制；

②负载平衡；

③硬件诊断和失效报警；

④资产管理；

⑤许可证跟踪；

⑥安全审计；

⑦软件分发；

⑧地址管理；

⑨数据备份和数据恢复。

（四）计算机网络的分类

1. 按地理范围分类

（1）局域网（Local Area Network）

特点：①采用的传输介质类型相对较少；

②数据传输速率快；

③传输延迟小，且误码率较低；

④组网比较灵活、方便、成本较低。

（2）城域网（Metropolitan Area Network 一般不超过几十千米）

特点：①采用的传输介质相对要复杂；

②数据传输速率次于局域网；

③数据传输距离相对局域网要长，信号容易受到干扰；

④组网比较复杂，成本较高。

（3）广域网（Wide Area Network 即 Internet）

特点：①传输介质复杂；

②数据传输速率较低；

③采用的技术比较复杂；

④是一个公共的网络，即不属于一个机构或国家。

2. 按通信介质分类

（1）有线网络

有线网络是指网络中的通信介质全部为有线介质的网络，常见的介质有同轴电缆、双绞线、光缆、电话线等。

特点：①技术成熟；

②产品较多；

③实施方便；

④成本较低；

⑤受气候环境的影响较小。

（2）无线网络

无线网络是采用无线电波、卫星、微波、红外线、激光等无线形式来传输数据的网络，即网络中的结点之间没有线缆的连接。

优点：①高移动性；

②保密性强；

③架设与维护容易；

④支持移动计算机。

缺点：①技术发展较慢；

②费用较高；

③易受环境因素的影响；

④安装实施要求的技术高。

（3）其他分类方法

①按使用网络的对象来分

公用网络，它是为全社会所有的人提供服务的网络。

专用网络，它只为拥有者提供服务，一般不向本系统以外的人提供服务。

②按网络的连接方式来分

● 全连通型网络

全连通型网络是指所有结点之间的相互通信均可通过相邻的结点实现，可靠性最好。

● 交换型网络

交换型网络两个端结点之间可以通过中间结点（即转接结点）实现连接。

● 广播型网络。

③按照通信子网的交换方式来分

按照通信子网的交换方式不同，网络可分为公用电路交换网、报文交换网、分组交换网、ATM 交换网等。

（五）常见计算机网络的拓扑结构

根据由点和线组成的几何图形抽象出的具体结构称为计算机网络的拓扑结构。

1. 星形结构

星形拓扑结构即任何两节点之间的通信都要通过中心节点进行转发，中心节点通常是集线器。

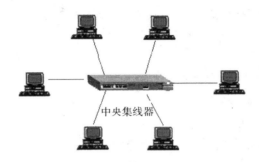

中央集线器

图 6-1 星形拓扑结构

特点：①结构简单、便于集中控制和管理；

②网络易于扩展；

③故障检测和隔离方便；

④延迟时间小；

⑤传输误码率低；

⑥中心节点负担重；

⑦网络脆弱；

⑧通信线路利用率较低。

2. 总线形结构

总线形网络是将若干个节点平等地连接到一条高速公用总线上的网络。总线形拓扑结构的介质访问控制方式是叫 CSMA/CD（载波监听多路访问/冲突检测）。

特点：①结构简单灵活，便于扩充；

②可靠性高；

③网络节点响应速度快；

④易于布线，成本较低；

⑤实时性差；

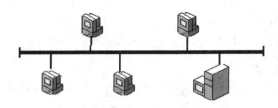

图 6-2　总线形结构

⑥物理安全性差；

⑦故障诊断困难。

3. 环形结构

环形结构的网络指网络中的每个节点均与下一个节点连接，最后一个节点与第一个节点连接，构成一个闭合的环路（图 6-3）。

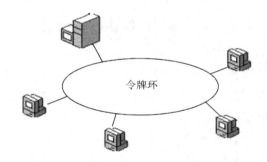

图 6-3　环形结构

特点：①网络结构简单；

②路径选择的控制的到简化；

③扩充不方便；

④环上节点过多时，传输效率严重下降；

⑤当环中某一节点出现故障时整个网络将瘫痪，查找故障点不易。

4. 树形结构

树形结构是由星形结构演变而来的。其实质是星形结构的层次堆叠（图 6-4）。

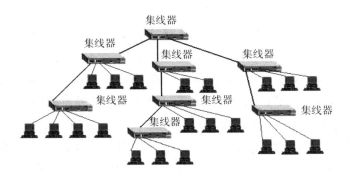

图 6-4　树形结构

特点：①扩展方便；

②故障隔离容易；

③高层节点性能要求高。

5. 网状结构

网状结构是由星型、总线型、环型拓扑结构演变而来的，是前三种基本拓扑混合应用的结果。网状结构的拓扑图如图 6-5 所示。

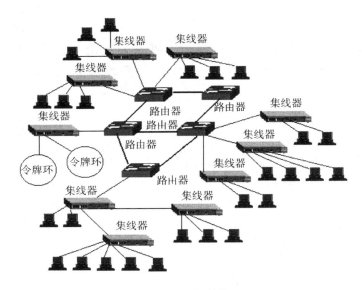

图 6-5　网状结构

二、通信协议

在计算机网络中，为了保证数据通信双方能正确、自动地进行通信，必须在关于信息传输顺序、信息格式和信息内容等方面制定一套规则和约定，这种规则和约定的集合就是网络协议（Network Protocol）。

由于网络体系结构是有层次的，从而，通信协议也被分为多个层次，每个层内还允许分成若干子层次，协议各层次有高低之分。另外，通信协议应该可靠、有效，否则会造成通信的混乱和中断。

（一）通信协议的概念

1. 协议的概念

协议是通信双方都要遵守的约定的集合，是网络内使用的语言，用于协调网络的运行，以达到互连互通、互换互控的目的。

2. 网络通信协议的三个要素

（1）语义

指对构成协议的协议元素含义的解释。例如，在基本型数据链路控制协议中规定，数据报文中的第一个协议元素的语义表示所传输报文的报头开始，接着为报文；而第二个协议元素表示正文开始，接着为正文等。

（2）语法

用于规定将若干个协议元素和数据结合起来表示一个完整内容时应遵循的格式。例如，传送一份数据报文时，协议元素和数据组合的次序为：报头开始符、报头；正文开始符、正文、正文结束符；最后为奇偶校验码。

（3）规则

它规定了事件的执行顺序，即通信双方进行发收和应答的次序。综合上述可见，网络协议实质上是网络中互相通信的对等实体间交换信息时所使用的一种语言。

3. 协议的功能

信号的发送与接收、差错控制、顺序控制、透明性、链路控制与管理、流量控制、路径选择、对话控制。

（二）通信协议的分层

1. 通信协议分层的优点

网络协议之所以分层描述，是由于在实际的计算机网络中，两个实体之间的通信情况非常复杂。为了降低通信协议实现的复杂性，而将整个网络的通信功能划分为多个层次（分层描述），每层各自完成一定的任务，而且功能相对独立，这样实现起来较容易。

计算机网络协议采用层次结构有以下好处：

①各层之间是互相独立的演变；

②灵活性好；

③由于结构上分割，各层可以采用各自最合适的技术来实现；

④易于实现和维护；

⑤能促使标准化工作。

2. OSI 参考模型

OSI 模型，即开放式通信系统互联参考模型（Open System Interconnection，OSI/RM，Open Systems Interconnection Reference Model），是国际标准化组织（ISO）提出的一个试图使各种计算机在世界范围内互连为网络的标准框架，简称 OSI。

OSI/RM 协议是由 ISO（国际标准化组织）制定的，它有三个基本的功能：提供给开发者一个必需的、通用的概念以便开发完善、可以用来解释连接不同系统的框架。

OSI 模型描述了信息自上而下通过源设备的七层模型，再经过中介设备，自下而上穿过目标设备的过程及各层的功能。这些设备可以是任何类型的网络设备：联网的计算机、打印机，传真机以及路由器和交换机。这个模型将网络的功能分解为七层（图 6-6）。

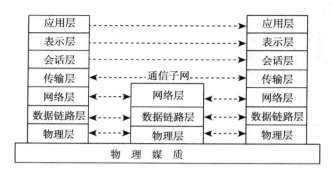

图 6-6 OSI 参考模型

3. OSI 参考模型各层功能及其协议

（1）物理层

在网络中，物理层为执行、维护和终止物理链路定义了电子、机械、过程及功能的规则。物理层具体定义了诸如电位级别、电位变化间隔、物理数据率、最大传输距离和物理互联装置特性，物理层的协议可以分成 LAN 和 WAN 两种。

物理层协议规定网络的物理参数，如信号的幅度、宽度、链路的电气和机械特性等。

（2）数据链路层

数据链路层通过物理网络提供可靠数据传输。不同的数据链路层定义了不同的网络和协议特性，其中包括物理编址、网络拓扑结构、错误校验、帧序列以及流控。物理编址（相对应的是网络编址）定义了设备在数据链路层的编址方式。网络拓扑结构包括数据链路层的说明，它定义了设备的物理连接方式，错误校验向发生传输错误的上层协议告警；数据帧序列重新整理并传输除序列以外的帧。

电气与电子工程师学会（IEEE）将数据链路层分成逻辑链路控制（LLC，Logical Link Control 的缩写）和介质访问控制（MAC，Media Access Control 的缩写）两个子层。逻辑链路控制子层管理单一网络链路上的设备间的通信，IEEE 802.2 标准定义了 LLC 支持无链接服务和面向连接服务。IEEE 802.2 在数据链路层的信息帧中定义了许多域，这些域使得多种高层协议可共享一个物理数据链路。数据链路层的介质访问控制协议，IEEE MAC 规则定义了 MAC 地址，以标识数据链路层中的多个设备。

数据链路层协议解决数据的正确传送问题。发送方把送出的信息分装成数据帧，然后依序传送各帧，提供错误检测手段，接收和处理回执帧，重发噪声干扰破坏后的数据帧，解决传输速度的匹配。数据链路层把一条可能不可靠的传输通道变成可靠的传输通道。

（3）网络层

网络层提供路由选择及其相关的功能，这些功能使得多个数据链路被合并到互联网络上，这是通过设备的逻辑编址（相对应的是物理编址）完成的。网络层为高层协议提供面向连接服务和无连接服务。网络层协议一般都是路由选择协议，但其他类型的协议也可在网络层上实现。

网络层协议包含对数据的分组、从源端机到目端机的路径选择、拥挤控制等，以及跨网络传送信息中可能出现的不同寻址方式、不同分组长度和不同协议的处理。

常用的路由选择协议包括边缘网关协议（BGP，Boder GatewayProtocol），开放最短径优先（OSPE，Open Shortest Path First）和路由选择信息协议，其中边缘网关协议是一种互联网络领域间的路由选择，开放最短路径优先是一种链路状态，是为 TCP/IP 网络开发的内部网关协议。

（4）传输层

传输层实现了向高层传输可靠的互联网络数据的服务。传输层的功能一般包括流控、多路传输、虚电路管理及差错校验和恢复。多路传输使得多个应用程序的数据可以传输到一个物理链路上；虚电路由传输层建立、维护和终止；差错校验包括为检测传输错误而建立的各种不同结构；而差错恢复包括所采取的行动（如请求数据重发），以便解决发生任何错误。

传输层协议涉及通信中数据从一端到另一端的透明传送，以及在出现错误时的恢复处理。传输层要保证信息传送的正确无误，并且使会话层不受硬件技术变化的影响。会话层每对传输层请求一个传输连接，传输层就建立一个独立的网络连接。如果传输连接需要较高的信息吞吐量，也可能创建多个网络连接（分流），或者反过来将几个传输连接合并成一个网络连接。

某些传输层还包括传输控制协议、名字绑定协议和 OSI 传输协议。传输控制协议（TCP，Transinission Control Protocol）是提供可靠数据传输的 TCP/IP 协议簇中的协议；名字绑定协议（NBP，Name Binding Protocol）是将 Apple Talk 名字与地址联合起来的协议。OSI 传输协议是 OSI 协议簇中的传输协议。

（5）会话层

会话层通过建立称为会话的通信链接来管理计算机之间的数据交换。为了建立会话，该层执行一些功能以完成名称与用户权限识别。为了提高数据的安全性，该层创建数据检查点并控制哪台计算机有明确的发送网络数据的访问权限。

会话层协议处理不同机器上用户之间的会话连接，包括会话的建立、对会话的控制（例如允许信息双向传输或某一时刻只能单向传输），以及结束会话连接等。

（6）表示层

表示层提供多种用于应用层数据的编码和转化功能，以确保从一个系统应用层发送的信息可以被另一系统的应用层识别。表示层编码和转换模式包括公用数据表示格式，性能转换表示格式、公用数据压缩模式和公用数据加密模式。

公用数据表示格式即标准的图像、声音和视频格式，通过使用这些标准格式。不同类型的计算机系统可相互交换数据；转换模式通过使用不同的文本和数据表示，在系统间交换信息，例如 EBCDIC 和 ASCII；标准数据压缩模式确保源设备上加密的数据可以在目标设备上正确地解密。

表示层协议所约定的是传输信息时的表达形式，也就是信息的语法（数据格式）与语义（解释规则、控制信息和错误处理等），包括对各种数据类型和数据结构的表示方法、数据编码、数据传输以及数据的加密和压缩等。

表示层协议一般不与特殊的协议关联，如一些众所周知的视频标准 QuickTime 和 Motion（MPEG）。QuickTime 是 Apple 计算机视频和频的标准，而 MPEG 是视频压缩和编码的标准。

（7）应用层

应用层是最接近终端用户的 OSI 层，这就意味着 OSI 应用层与用户之间是通过软件直接相互作用的。这类应用程序超出了 OSI 模型的范畴。应用层的功能一般包括标识通信伙伴，定义资源的可用性和同步通信。

标识通信伙伴时，应用层为具有传输数据的应用程序定义通信伙伴的标识性和可用性，定义资源可用性时，应用层由于请求通信的存在而必须确定是否有足够的网络资源；在同步通信中，所有应用程序之间的通信都需要应用层管理的协同操作。

应用层协议规定用户级别的对话规则，包括事务服务、文件传送、远程作业、电子邮件、网络管理、终端输入及屏幕管理这样一些通信任务的处理规则。

应用层协议包括 TCP/IP 协议和 OSI 协议。TCP/IP 协议是指 Telnet，文件传输协议（FTP）和简单邮件传输协议（SMTP）等；OSI 协议是指文件传输/访问/管理协议（FTAM），文件虚终端协议（VTP）和公用管理信息协议（CMIP）等，它们存在于互联网络协议簇中。

三、网络操作系统

（一）网络操作系统概述

计算机网络系统除了硬件，还需要有系统软件，两者结合构成计算机网络的基础平台。系统软件中，最重要的是操作系统，它管理硬件资源、控制程序执行、合理组织计算机的工作流程，为用户提供一个功能强大、使用方便、安全可靠的运行环境。

网络操作系统是网络用户和计算机网络之间的一个接口，它除了应该具备通常操作系统所应具备的基本功能外，还应该具有联网功能，支持网络体系结构和各种网络通信协议，提供网络互连能力，有效、可靠、安全地支持数据传输。

早期网络操作系统功能较为简单，仅提供基本的数据通信、文件服务和打印服务等。随着网络的规模化和复杂化，现代网络的功能不断扩展，性能大幅度提高，很多网络操作系统把通信协议作为内置功能来实现，提供与局域网和广域网的连接。

一个典型的网络操作系统有以下特征：硬件独立性，网络操作系统可以运行在不同的网络硬件上，可以通过网桥或路由器与其他网络连接；多用户支持，应能同时支持多个用户对网络的访问，应对信息资源提供完全的安全和保护功能；支持网络实用程序及其管理功能，如系统备份、安全管理、容错和性能控制；多种客户端支持，如微软的 windows NT 网络操作系统可以支持包括 MS－DOS、OS/2、Windows 98、Windows for wrokgroup、UNIX 等多种客户端，极大地方便了网络用户的使用；提供目录服务，以单一逻辑的方式让用户访问可能位于全世界范围内的所有网络服务和资源的技术；支持多种增值服务，如文件服务、打印服务、通信服务、数据库服务、WWW 服务等；可操作性，这是网络工业的一种趋势，允许多种操作系统和厂商的产品共享相同的网络电缆系统，且彼此可以连通访问。

网络操作系统可分成三种类型。

1. 集中模式

集中式网络操作系统是由分时操作系统加上网络功能演变而成的，系统的基本单元是一台主机和若干台与主机相连的终端构成，把多台主机连接起来就形成了网络，而信息的处理和控制都是集中的，UNIX 系统是这类系统的典型例子。

2. 客户/服务器模式（C/S 模式）

这是现代网络的流行模式，网络中连接许多台计算机，其中，一部分计算机称服务器，提供文件、打印、通信、数据库访问等功能，提供集中的资源管理和安全控制，而另外一些计算机称客户机，它向服务器请求服务，如文件下载和信息打印等。服务器通常配置高，运算能力强，有时还需要专职网络管理员维护。客户机与集中式网络中的终端不同的是，客户机有独立处理和计算能力，仅在需要某种服务时才向服务器发出请求。这一模式的特点是信息的处理和控制都是分布的，因而，又可叫分布式处理系统，Netware 和 Windows NT 是这类操作系统的代表。

客户/服务器模式在逻辑上归入星形结构，以服务器为中心，与各客户间采用点到点通信方式，各客户间不能直接通信。当今两种主要客户/服务器模式为文件服务器 C/S 模式和数据库服务器 C/S 模式。无论哪一种模式，客户在请求服务器服务时，双方要通过多次交互：客户机发送请求包、服务器接收请求包、服务器回送响应包、客户机接收响应包。客户服务器模式的主要优点是数据分布存储、数据分布处理、应用编程较为方便。

3. 对等模式

让网络中的每台计算机同时具有客户和服务器两种功能，既可以向其他机器提供服务，又可以向其他机器请求服务，而网络中没有中央控制手段。对等模式适用于工作组内几台计算机之间仅需提供简单的通信和资源共享的场合，也适用于把处理和控制分布到每台计算机的分布式计算模式。Netware Lite 和 Windows for workgroup 是这类网络操作系统的代表。对等模式的主要优点是平等性、可靠性和可扩展性较好。

（二）几个流行的网络操作系统

网络操作系统有许多产品，一般认为，在高端关键应用场合，以 UNIX 系统为主；在中低端应用场合则以 Windows 2000 与 Netware 为主，Netware 市场份额较大，但 Windows 2000 发展迅猛前景看好。

1. VINES

VINES 是 Banyan System 公司开发的网络操作系统产品，是当今企业联网的主导产品之一。最早运行于专用服务器上，现在已推出各种 PC 机的版本。VINES 基于 UNIX system V，系统由工作站和服务器两个模块组成。它的物理层和链路层能接纳许多协议，如 802. X、X. 25、HDLC 等，网络层支持 IP、ARP、ICMP 和专有的 VINES 协议 RTP 及 ICP，传输层支持 TCP、UDP 和专有的 VINES 协议 IPC 及 SPP 等。它能对 LAN 和 WAN 提供强有力的支持，主要特点是：安装容易、管理简单；采用 street talk 全局命名服务，故能方便转移资源达到负载平衡；支持多任务、多用户；支持 SMP。

2. Windows 2000

Windows 2000 是目前被认为最有前途的网络操作系统之一，功能强、性能高，内含软件丰富、互操作性好，具有友好的用户界面。Windows 2000 具有抢先式多任务、多线程调度能力，并可支持文件、打印、信息传输与应用服务的多用途 32 位网络操作系统。此外，还具有支持 SMP、可在多种服务器平台上运行、先进的容错功能、信息的安全性保证等特点。在 Windows 2000 上运行 Microsoft 的 SQL Server 是客户/服务器数据库应用系统的最佳方式，因为作为同一个公司的产品，SQL Server 能直接利用 Windows 2000 的多线程能力，降低了开发成本。

3. Netware

Novell 公司的 Netware 网络操作系统是一个基于客户机/服务器模式的多任务操作系统。Netware 软件分两部分：Netware shell 和文件服务器，分别安装在客户端和服务器上。最新的 Netware 5.0 版增强了网络安全性能、增加网络目录服务、增加接入用户数目、增加和 Internet 连接功能。其主要特点为：①开放式网络环境，支持多种通信协议、多种设备驱动程序，构成异构的计算机网络；②高性能文件系统，支持 4GB～32TB 的文件空间，支持 DOS、OS/2、MAC 及 UNIX 文件系统；③强化的安全机制，包括登录安全性、访问授权、文件操作权限、目录使用权限；④容错技术，如采用磁盘镜像和磁盘复制等；⑤对 Internet 的支持丰富。

4. OS/2Warp Server

这是 IBM 公司开发的多用途网络操作系统，最早开发的是单机操作系统。1995 年，OS/2 演变为网件 Warp connect3.0，而在 1996 年，发布了 Warp Server4.0，接着又推出了 SMP 版本。综合的 TCP/IP 工具包括 Internet 所需的所有设施，如含有 DHCP 服务器和 DNS 服务器。近期又推出了 Java 的运行时服务，IBM 计划发布综合的全功能 HTTP 服务器。

（三）网络操作系统实例

本节以 Windows 2000 为例，介绍与操作系统的网络管理和控制有关的功能。Microsoft 的网络基于对等结构，可以与其他类型网络服务器进行通信，包括支持微软网络、Netware 网络、基于 TCP/IP 的 UNIX 环境。

1. Windows 2000 网络操作系统有下特点

（1）网络功能做在操作系统中，它的网络驱动程序是执行体中 I/O 子系统的一个组成部分。

（2）支持远程打印、电子邮件、文件传输等功能，不需要用户在机器上再安装任何网络服务器软件。

（3）支持多种网络协议，支持目前流行的多种网络、网络服务器和网络驱动程序，如 Novell、Banyan、Sun NFS 和 VINES，能方便地与 Windows 2000 系统进行数据交换。

（4）内装网络采用开放式结构，像重定向程序、传输驱动程序和服务器都可被动态装入和卸出，且很多不同的这种部件可以并存。

2. Windows 2000 有关的一些网络管理及服务功能

（1）域管理模型

域（domain）是改进的工作组，或称超级工作组，它具有集中的安全控制。对域资源（如打印机、目录等）的所有访问都由该域中的某个计算机授权监控，这台计算机称为主域控制器。使用域的优点是：①一个域对一个用户来说只有一个密码，此密码可以打开该域的所有被授权使用的资源；②密码可由用户设定。

每个用户都有一个账号及其用户信息的数据库记录，权限是允许对网络资源访问的权利（只读、执行、读/写等），组可用于为相同的用户集合分配权限。

在 Windows 2000 服务器中，域用户管理是管理网络用户的账号、组及计算机和域安全规则的最基本的管理工具。域是 Windows 2000 服务器网络中最基本的维护安全和进行管理的单元，域是共享同一个安全数据库和浏览列表的所有计算机的集合。同一域中的服务器共享安全规则和所有的账号信息。在包含多台服务器的域中，其中有一台是主域控制器，它验证用户对域的登录，维护主安全数据库。域的最小配置为由一台计算机既运行 Windows 2000 服务器，同时又充当域控制器。

工作组（workgroup）是若干合法用户的组合，Windows 2000 管理员可把组作为一个整体加以管理，提高管理效率和安全性。一台网络中的计算机要么是工作站（使用但不提供资源），要么是服务器/工作站（既使用又提供资源），而不存在专用的服务器。组可给予执行任务所需的用户数据权限及资源访问权限，工作组的安全性是一种共享级的安全控制，所有访问者只能用一个密码来访问该资源。Windows 2000 服务器还使用局部和全局组来简化管理，每个组都有自己的成员和资源访问权限。

域用户管理器是 Windows 2000 服务器中提供网络安全的主要程序之一，它负责分配系统级的权力或定义网络采用的监查规则。允许网络管理员完成以下工作：

- 创建、修改、删除域中的用户账号，控制用户账号的密码特性；
- 决定用户或组的系统权力；
- 定义用户环境和网络信息；
- 为用户账号分配登记信息；
- 管理域中的组和组中各账号间的成员关系；
- 管理网络中不同域之间的信任关系；
- 管理域的安全规则，审核和定义记录的安全事件的类型。

（2）Windows 2000 的文件管理及网络资源管理

在 Windows 2000 服务器中，仍然由资源管理器进行磁盘控制、目录和文件权限管理，可以完成通常文件管理所实现的所有任务，但在网络环境下有些特殊情况需要加以处理。此外，资源管理器还为网络管理员提供目录共享的功能，用户可以通过网络连接到这些共享目录上，并对其上的信息进行访问。此外，资源管理器还要完成对驱动器和目录共享、共享特性的修改，对共享目录和文件的访问等管理工作。

Windows 2000 服务器使用 NTFS 来提供可靠性和对共享文件的安全支持，NTFS 提供了多种存取权限，用来加强文件系统的安全管理，本地用户也可以设置文件访问权限来限制用户的访问。

（3）Windows 2000 的文件和目录复制功能

文件和目录复制是 Windows 2000 提供的服务之一，用于在一个或多重域的若干计算机上保存登录脚本、系统规则文件及其他常用文件备份。目录复制用于在多个服务器或工作站上设置相同的目录，主目录保存在一个指定 Windows 2000 服务器上，而主目录上的文件更新会被复制到其他指定计算机上。文件和目录复制使得多个服务器都有相同的文件可被使用，因此，允许用户在任何可用的服务器上访问这些文件。此外，目录复制还有利于均衡服务器间的负荷，避免过载。

（4）Windows 2000 的网络服务功能

Windows 2000 提供了强大的网络功能和广泛的 Internet 支持，能完成以下功能：

• DNS 域名服务。把主机 IP 地址解析为给定网络名称的数据库服务，微软已将 DNS 服务设计成与 Windows Internet 名称服务协同工作以解析主机名称。

• Internet 信息服务。微软将新的 Internet 信息服务器 IIS 的集成版本链到了 Windows 2000 的服务器，该 IIS 作为 Windows 2000 安装的可配置选项提供 Internet 访问。

• 多协议路由。Windows 2000 能用作连接两个局域网的路由器，新的多协议路由服务能通过 IP 或 IPX 协议把一个 LAN 连到 WAN 上。

• 动态主机配置协议中继代理。提供集中的、动态的 IP 地址和安全、可靠的 TCP/IP 网络配置。

• 计算机浏览服务。它用列表方法列出网络资源，可以指定网络中特定计算机作为浏览器，而浏览器上集中了所有网络服务器，从而避免了在所有计算机上都要保存一份共享网络资源表，也减少了建立和维护网络共享资源的网络传输工作量。

• 点对点通道协议及远程访问服务。通过点对点通道协议（PPTP）允许远程访问。客户机通过 Internet 与 Windows 2000 RAS 的连接而访问 WAN 上的资源。此外，WINDOWS 2000 也提供拨号登录，这样，登录到 RAS 连接的 Windows 2000 工作站的用户能利用域控制器连接并引导加密登录认证。

• 分布式组件对象模型 DCOM。WINDOWS 2000 已将组件对象

COM 的能力从本地应用扩展到包括组网与 Internet 的应用程序。

（5）WINDOWS 2000 网络环境管理

提供两种网络管理工具——性能监视器和网络监视器，以监视服务器的各种参数。

四、分布式操作系统

（一）分布式系统概述

分布式计算机系统是由一组松散的计算机系统，经互联网络连接而成的"单计算机系统映像"（Single Computer System Image）。它与计算机网络系统的基础都是网络技术，在计算机硬件连接、系统拓扑结构和通信控制等方面基本一样，都具有数据通信和资源共享功能。分布式系统与网络系统的主要区别在于：网络系统中，用户在通信或资源共享时必须知道计算机及资源的位置，通常通过远程登录或让计算机直接相连来传输信息或进行资源共享；而分布式系统中，用户在通信或资源共享时并不知道有多台计算机存在，其数据通信和资源共享如在单计算机系统上一样。此外，互联的各计算机可互相协调工作，共同完成一项任务，可把一个大型程序分布在多台计算机上并行运行。通常，分布式计算机系统满足以下条件：

①系统中任意两台计算机可以通过系统的安全通信机制来交换信息；

②系统中的资源为所有用户共享，用户只要考虑系统中是否有所需资源，而无需考虑资源在哪台计算机上，即为用户提供对资源的透明访问；

③系统中的若干台机器可以互相协作来完成同一个任务，换句话说，一个程序可以分布于几台计算机上并行运行，一般的网络是不满足这个条件的，所以，分布式系统是一种特殊的计算机网络；

④系统中的一个结点出错不影响其他结点运行，即具有较好的容错性和健壮性。

分布式计算机系统要让用户使用起来像一个"单计算机系统"，那么，如何实现"单计算机系统映像"？实现分布式系统以达到这一目标的技术称透明性，透明的概念适用于分布式系统的各个方面。

（1）位置透明性

用户不知道包括硬件、软件及数据库等在内的系统资源所在的位置，资源的名字中也不应包含位置信息。

（2）迁移透明性

资源无需更名就可以从一个结点自由地迁移到另一个结点。

（3）复制透明性

系统可任意地复制文件或资源的多个拷贝，而用户都不得而知。

（4）并发透明性

用户不必也不会知道系统中同时还存在其他许多用户与其竞争使用某个资源。

（5）并行透明性

在分布式系统中执行大型应用时，可由系统（编译、操作系统）自动找出潜在并行模块去分布并执行，而不为用户所察觉，这是分布式系统追求的最高目标。

用于管理分布式计算机系统的操作系统称为分布式操作系统（Distributed Operating System），分布式操作系统应该具备四项基本功能。

（1）进程通信

提供有力的通信手段，让运行在不同计算机上的进程可以通过通信来交换数据。

（2）资源共享

提供访问他机资源的功能，使得用户可以访问或使用位于他机上的资源。

（3）并行运算

提供某种程序设计语言，使用户可编写分布式程序，该程序可在系统中多个节点上并行运行。

（4）网络管理

高效地控制和管理网络资源，对用户具有透明性，亦即使用分布式系统与传统单机系统相似。分布式计算机系统的主要优点是：坚定性强、扩充容易、可靠性好、维护方便和效率较高。

　　为了实现分布式系统的透明性，分布式操作系统至少应具有以下特征：一是有一个单一全局性进程通信机制，在任何一台机器上进程都采用同一种方法与其他进程通信；二是有一个单一全局性进程管理和安全保护机制，进程的创建、执行和撤销以及保护方式不因机器不同而有所变化；三是有一个单一全局性的文件系统，用户存取文件和在单机上没有两样。

（二）分布式进程通信

　　分布式系统的主要特性之一是分布性，分布性源于应用的需求，一个应用可以分布于分散的若干台计算机上运行。而通信则来源于分布性，因为机器的分散而必须通过通信来实现进程的交互、合作和资源共享，可见分布式系统中通信机制是十分重要的。集中式操作系统中的通信方式，在分布系统中大多已不适用。

　　目前分布式系统中的进程通信可以分成三种：一是消息传递机制，它类似于单机系统中发送消息（信件）和接收消息（信件）操作；二是远程过程调用（RPC，Remote Procedure）；三是套接字（socket）。而这三种通信机制都依赖于网络的数据传输功能。

1. 消息传递机制

　　在分布式系统中，进程之间的通信可通过分布式操作系统提供的通信原语完成，最简单的分布式消息传递模型称客户机/服务器模型。一个客户进程请求服务，如读入数据、打印文件，向服务器进程发送一个包含请求的消息，这种消息按通信协议的规定来传递，服务器进程完成请求，作出回答和返回结果。最简单的消息传递模型中，只需两个通信原语：发送和接收。发送原语 send 说明一个目标和消息内容，接收原语 receive 说明消息来源和为消息存储提供一个缓冲区。在设计分布式消息传送机制时，需妥善解决目标进程寻址和通信原语的设计问题。

　　（1）目标进程寻址

　　客户为了发送消息给服务器，首先必须知道服务器的地址，这样消息才能到达该机器；其次如果目标机器上有多个进程在运行，那么，消息到达机器后该传递给哪一个进程来处理呢？这就提出了目标进程的寻址问题。

第一种方法采用机器号和进程号寻址法。机器号用于使消息能正确发送到目标机器上，而进程号用来决定消息应传递给哪个进程。每台机器上的进程编号都可从 0 开始，不需要互相协调，因为，进程 i 在机器 1 与机器 2 上不会发生混淆。BSD UNIX 对此做了微小改变，用"机器号和进程本地标识"来代替"机器号和进程号"。进程本地标识是一个 16 位或 32 位随机数，一个进程提供一种服务，开始可通过系统调用告诉操作系统内核，它想监听本地进程标识，此后，当一个"机器号和进程本地标识"编址的消息进入时，内核知道消息应该传递给哪个进程。这种方法的缺点是位置不透明性，用户必须知道服务器的地址。

第二种方法采用广播寻址法。让分布式系统中的每个进程在硕大且专用的地址空间中选择自己的标识号，如 64 位二进制整数空间，两个进程选择同一数值的可能性极小。那么，发送消息时，发送到哪一台机器上呢？在支持广播通信的网络中，发送者广播一个特殊的定位包，包含目的进程的地址。由于网络中的所有机器都能收到，由内核检查这个进程是否在本机上，如果回答消息"我在这里并给出机器号"，发送消息的内核使用并记住它这个地址，避免下次再广播。这种方法虽然具有位置透明性，但缺点是广播通信给系统增加了较大开销。

第三种方法采用名字服务器寻址法。系统中增加一台机器，提供高层的机器名和机器地址的映射，称作名字服务器。客户机中存放 ASC Ⅱ 码的服务器名字，每次客户机运行，发送消息给一台服务器时，先发出一个请求消息给名字服务器，询问请求服务器所在的机器号，有了这个地址，就可以直接发送消息了。这种方法的缺点是要增加一台服务器，增加了发送的消息量。

（2）同步和异步通信原语

分布式进程通信原语可以分成同步和异步两种，通信原语的基本形式为：

- Send（P，$Message$）
- Receive（Q，$Buffer$）

其中，P 表示接收进程，Q 表示发送进程，$Message$ 表示发送的消息，$Buffer$ 则为接收者进程的信箱或缓冲区。在分布式系统中，实际上进程标识要由计算机地址和进程标识符组成。

同步发送时，发送进程要求接收进程做好接收消息的准备，甚至要明确知道接收方已经做好接收消息的准备，而且发送过程在发送完消息后阻塞等待接收方的回答。如果在预定时间内未收到回答，则认为消息已丢失，应再次发送。同步发送消息的缺点是系统的并行性差，而且无法利用广播消息的功能，而广播功能在很多场合下是很有用的。

分布式系统中消息的发送过程如下。在客户机上的一个进程请求服务器上的某个进程提供服务，首先，它组织并形成一个消息，其中包含了接收进程标识和欲发送的消息内容。其次，调用分布式操作系统提供的发送原语 send，发送的进程被阻塞，直到消息传送完毕后发送进程才能继续执行。执行该原语进入了客户机的消息收发模块，它将信件按网络通信协议的层次自高而下逐层传送，当信件通过网络物理链路传送到目标服务器时，又经过通信协议逐层上传直到接收方的消息收发模块。该模块检查消息中的接收进程标识，把消息投入接收进程的信箱或缓冲区中。最后，发一个信号给接收进程或直接唤醒它进行处理。同样，接收进程调用 Receive 时，被阻塞直到一条消息收到并放入信箱或缓冲区时才能返回控制权。

异步发送时，发送进程把消息发送出去后，并不阻塞自己并等待对方回答，而是继续执行下去。可见发送进程和消息传送可以并行工作，使系统的并行性能提高。非阻塞通信原语有一个主要的缺点，在消息被发送出去以前，发送进程不能修改发送的消息缓冲区，它不知道传送何时进行，因而，无法知道何时可重新使用缓冲区。有两个办法可以解决它：一是由发送原语把消息拷贝到内部缓冲区，发送进程一旦获得控制权，允许重新自由使用缓冲区；二是当消息被发送出去后，中断发送进程并通知它缓冲区可用。

（3）缓冲和非缓冲原语

非缓冲原语不使用缓冲区，而是有一个指向特定进程的地址。一个 receive（$addr$，m）调用告诉内核，该调用过程正在地址 $addr$ 上监听，并准备接收一个发送到该地址上的消息，m 指向的消息接收区将保存消息。当消息到达时，接收方内核把它拷贝到消息接收区，然后释放被阻塞的接收进程。

若服务器方先调用 receive，客户端后调用 send，这种策略会工作得很好。对 receive 的调用是告诉服务器的内核，应该使用哪个地址，到达的消息放在哪里。但当 send 在 receive 之前调用时，对于新来的消息，服务器内核如何知道它的哪个进程正在使用该地址？消息又被拷到哪里呢？答案是不知道。一种简单的策略是：忽略该消息，等到客户端超时，这样服务器就可以在客户重传消息前调用 receive。此法虽容易实现，但可能导致客户端内核重传多次，如果多次重传失败，客户端内核会放弃发送。

第二种办法是让接收方内核保留每个到达的消息一段时间，直到相应的 receive 被调用。每到达一个消息就启动一个计时器，若在相应的 receive 被调用前计时器超时，则该消息被丢弃。理论上，保留消息一段时间可定义一个新的数据结构——信箱，准备接收消息的进程请求内核创建一个信箱，并指明一个地址以便查找网络信息包，以该地址标识的消息都放入该信箱中。对 receive 的调用只是从信箱中读出一个消息，若没有消息可读则阻塞进程。采用这一技术的原语称缓冲原语。采用这种方法要考虑信箱大小，小了会溢出，大了造成浪费。

在某些系统中，还有一种选择。若目标机上没有空间存放，则不让进程发送消息，让发送者阻塞，直到消息能被对方接收。

(4) 可靠和非可靠通信原语

通常设想发送进程发送消息，服务器进程会接收到消息。实际的通信过程中，消息可能会丢失，这样会影响消息传递模型的语义。有两种方法解决这个问题：第一种方法是尽可能保证传送，使用一个可靠的传输协议，能附带完成检错、确认、重传、重排序，尽可能使消息正确传送，但系统无法保证消息成功发送，完成可靠的通信依赖于用户；第二种方法是发送进程所在机器的内核与接收进程所在机器的内核进行应答，仅当发送方收到接收方发来的确认消息后，发送方内核才释放客户进程。

2. 远程过程调用

远程过程调用 RPC 是目前在分布式系统中被广泛采用的进程通信方

法，它把单机环境下的过程调用拓展到分布式环境中，允许不同计算机上的进程使用简单的过程调用和返回结果的方式进行交互，但这个过程调用是用来访问远程计算机上提供的服务的，看上去用户却感觉像在执行本地过程调用一样。

下面我们来讨论远程过程调用的基本原理。在客户/服务器方式下，为了能以相同的方式完成本地过程调用和远程过程调用，可以在客户/服务器上各增设一个客户存根（stub）和服务器存根，它们通常放入过程库中。当客户机上的某进程需要调用服务器上的一个过程时，可以发出一条带有参数的 RPC 命令给客户存根，委托它作为自己的代理。客户存根收到 RPC 命令后，便去执行本次的远程过程调用，它把参数打成消息包，执行 send 原语请求内核把消息发送到服务器去，在发送消息执行后，客户存根调用 receive 原语阻塞自己直到服务器发来应答。当消息到达服务器后，内核把消息传送给服务器存根，通常，服务器存根会调用 receive 原语阻塞自己等待消息到达。服务器存根拆包从消息中取出参数，然后以一般方式调用服务器进程，该进程执行相应的过程调用并以一般方式返回结果。当过程调用完毕后，服务器存根获得控制权，它把结果打成消息包，再调用 send 原语请求内核把消息发回给调用者。整个过程调用结束后，服务器存根回到 receive 状态，等待下一条消息。消息送回客户机后，内核找到它并把消息送给客户存根，客户存根检查并拆开消息包，把取出的结果返回给调用进程，调用进程获得控制权并得到了本次过程调用的结果。

可以把 RPC 执行步骤总结如下：

- 客户进程以普通方式调用客户存根。
- 客户存根组织 RPC 消息并执行 Send，激活内核程序。
- 内核把消息通过网络发送到远地内核。
- 远地内核把消息送到服务器存根。
- 服务器存根取出消息中参数后调用服务器过程。
- 服务器过程执行完后把结果返回至服务器存根。
- 服务器存根进程将它打包并激活内核程序。
- 服务器内核把消息通过网络发送至客户机内核。

- 客户内核把消息交给客户存根。
- 客户存根从消息中取出结果返回给客户进程。
- 客户进程获得控制权并得到了过程调用的结果。

通过上述步骤可以将客户进程的本地调用转化为客户存根，再转化为服务器上的本地过程调用。RPC 的实现一般采用通用结构，客户机执行 theClient 进程，它包括客户端应用的代码、clientstub 和传送机制；服务器端有 rpcServer 进程，它包括传送机制、server stub。

上述 RPC 仅适用于同构形分布式系统，即在同种类型计算机上，运行相同的操作系统，采用同一种程序设计语言，那么，对参数表示的要求没有什么问题。反之，对异构型分布式系统来说，由于不同系统对数据的表示方式不同，导致客户机和服务器无法交互，故应该在 RPC 设施中增加一种参数表示的转换机制。例如，对于像整数、浮点数、字符和字符串可以提供一个标准格式，这样，任何机器上的本地数据和标准表示只要作相应转换就可以了。比如，用 ASCII 表示字符串、0 和 1 表示布尔数、补码表示整数等。

3. 套接字

套接字（socket）是在 UNIX BSD 中首创的网络通信机制。socket 类似于电话插座，通电话的双方好比相互通信的两个进程，区号是它的网络地址。区内电话交换局的交换机相当于一台主机，主机分配给每个用户的局内号码相当于 socket 号，任一用户在通话前需占用一部电话机，相当于申请一个 socket。用户通话前应知道对方的号码，相当于对方有一个固定的 socket，然后，向对方拨号呼叫，相当于发出连接请求，若连接成功就可以通话了。双方通话的过程是一方电话机发出信号而对方电话机接收信号，相当于向 socket 发送数据和从 socket 接收数据。通话结束后，一方挂起电话相当于关闭 socket，撤销连接。

socket 实质上提供了进程通信的端口，进程通信前，双方必须各自创建一个端口。socket 是面向 C/S 模式设计的，针对客户机/服务器提供不同的 socket 系统调用。客户随机申请一个 socket，系统分给它一个 socket 号，而服务器拥有全局公认的 socket，任何客户都可向它发出连接与信息请求。socket 机制利用 C/S 模式巧妙地解决了进程之间的通信问题。

每个套接字支持一种特定类型的网络，在创建 socket 时需指定该类型，常见的类型有：可靠的面向连接的字节流、可靠的面向连接的包流、不可靠的包传递等。创建 socket 时，用一个参数指明所用的协议，对可靠的字节流和包流采用 TCP/IP；对不可靠的包传递则采用 UDP。

socket 的功能由 socket 系统调用来体现，主要有：创建 socket（）、指定本地地址 bind（）、建立 socket 连接 connect（）、愿意接收连接 listen（）和接收连接 accept（）、发送数据 send（）、sendto（）、sendmsg（）、write（）、writev（）和接收数据 read（）、readv（）、recvfrom（）、recvmsg（）。

套接字 socket 是 TCP/IP 网络通信的基本构件之一，由于基于 TCP/IP 协议的应用一般采用 C/S 模式，因此，在实际应用中，必须有客户和服务器两个进程，且首先启动服务器进程。服务器如何工作还可分成两种类型：重复服务器和并发服务器。前者面向短时间能处理完的客户请求，由服务器自己处理来到的请求；后者面向长时间才能处理完的客户请求，每接到一个这样的客户请求，fork 一个子进程响应它，自己退回等待状态，监听新的客户请求，形成了一个主服务器和多个从服务器并发工作的局面。本章实例研究中将介绍 Windows 2000/XP 套接字。

（三）分布式资源管理

资源的管理和调度是操作系统的一项主要任务。单机操作系统往往采用一类资源由一个资源管理者来管的集中式管理方式。例如，所有主存空间都由存储管理负责分配、去配；所有行打机由打印机管理负责打印事务等。在分布式计算机系统中，由于系统的资源分布在各台计算机上，一类资源归一个管理者来管的办法会使性能很差。假如，系统中各台计算机的存储资源由位于某台计算机上的资源管理者来管，那么，不论谁申请存储资源，即使申请的是自己计算机上的资源，都必须发信给存储管理，这就大大增加了系统开销。如果存储管理所在那台计算机坏了，系统便会瘫痪。由此可见，分布式操作系统如采用集中式资源管理，不仅开销大，而且坚定性差。

通常，分布式操作系统采用一类资源多个管理者的方式，可以分成两种：集中分布管理和完全分布管理。它们的主要区别在于：前者对所管资源拥有完全控制权，一类资源中的每一个资源仅受控于一个资源管理者；而后者对所管资源仅有部分控制权，不仅一类资源存在多个管理者，而且该类中每个资源都由多个管理者共同控制。

集中分布管理中，让一类资源有多个管理者，但每个具体资源仅有一个管理者对其负责，比如，上面提到的文件管理，尽管系统有多个文件管理者，但每个文件只依属于一个文件管理者。也就是说，在集中分布管理下，使用某个文件必须也仅须通过其相应的某个文件管理者。而完全分布管理却不是这样，假如一个文件有若干副本，则这些副本分别受不同的文件管理者管理。为了保证文件副本的一致性，当一份副本正在被修改时，其他各份副本应禁止使用。因此，当一个文件管理者接收到一个使用文件的申请时，它只有在和管理该文件其他副本的管理者协商后，才能决定是否让申请者使用文件。在这种情形下，一个具有多副本的文件资源是由多个文件管理者共同管理的。

采用集中分布管理方式时，虽然每类资源由多个管理者管理，但该类中的一个资源却由唯一的一个管理者来管。当一个资源管理者不能满足一个申请者的请求时，它应当帮助用户向其他资源管理者申请资源。这样用户申请资源的过程类似在单机操作系统上一样，只要向本机的资源管理者提出申请，他无须知道系统中有多少个资源管理者，也无须知道资源的分布情况。因而，集中分布管理方式应具有向其他资源管理者提交资源申请和接受其他资源管理者转来的申请的功能。由于资源管理者分布在不同计算机上，系统必须制定一个资源搜索算法，使得资源管理者按此算法帮助用户找到所需资源。设计分布式资源搜索算法应尽量满足以下条件：效率高、开销小、避免饿死、资源使用均衡、具有坚定性。常用的分布式资源搜索算法有三种。

（1）投标算法

该算法的主要规则如下：

- 资源管理者欲向他机资源管理者申请资源时，首先广播招标消息，向网络中位于其他结点的每个资源管理者发招标消息。
- 当一个资源管理者接到招标消息时，如果该结点上有所需资源，则根据一定的策略计算出"标数"，然后发一个投标消息给申请者，否则回一个拒绝消息。
- 当申请者收到所有回答消息后，根据一定策略选出一个投标者，并向它发一个申请消息。
- 接到申请消息后，将申请者的名字登记入册，并在可以分配资源时发消息通知申请者。
- 当资源使用完毕后，向分配资源的资源管理者归还资源。

投标与招标的策略可视具体情况而定，如可以用排队等待申请者的个数、投标与招标者距离的远近等作为标数来投标，选择标数最小的投标者中标。美国加利福尼亚大学欧文分校设计的 DCS 分布式计算机系统便采用了投标算法。

（2）由近及远算法

该算法让资源申请者由近及远地搜索，直到遇上具有所要资源的结点为止。算法的规则如下：

- 申请者向它的某个邻结点发一个搜索消息，信中附上对资源的需求及参数 p，其值为申请者编号。
- 接到搜索消息后，将发来消息的结点编号和信中参数 p 登记下来，前者定义为它的上邻结点，后者定义为它的前结点。如果接到搜索消息的结点具有消息中所要求的资源，那么，它就向它的上邻结点发一个成功消息，并将自己的编号附上；否则它先发一个消息给它的前结点告知自己是它的后结点。然后，发消息给上邻结点，请继续搜索，消息中带上参数 p，其值为自己的编号。
- 接到继续搜索消息后，如果还有未被搜索的下邻结点，那么，就发搜索消息给它，消息中附上的参数 p 是从继续搜索消息中取得的。如果所有下邻结点都已搜索过，但它有后结点，则把继续搜索消息转给它的后结点。如果既没有未被搜索的下邻结点，又没有后结点，则说明全部结点已被搜索过，这时它将向上邻结点发一个失败消息。

- 接到成功消息或失败消息后，若接到消息者非申请者，则将消息转发给它的上邻结点，否则搜索就此结束。申请者或获得最近能提供所要资源的结点地址，或被告之系统中没有这样的资源。

- 如果一个已被搜索过的结点又收到搜索消息，则将原消息退回，发搜索消息的结点就认为该下邻结点不存在。

（3）回声算法

该算法能用来获得全局知识，也可用于搜索资源，算法的规则如下：

- 资源申请者向它的每一个邻结点发探查消息，消息中附上对资源的需求。

- 若接探查消息的结点是第一次接到这样的探查消息，它就把传来探查消息的邻结点定义为它的对该探查而言的上邻结点，而把其余的邻结点定义为它的下邻结点。若接探查消息的结点不是第一次接到这样的探查消息，它就向传来探查消息的邻结点发一条回声消息，消息中参数值为 0。

- 接上邻结点传来的探查消息后，若有下邻结点，则将探查消息复制后分发给各下邻结点，否则向上邻结点发一条回声消息，消息中参数 S（称资源参数）取下列值：

当结点不具备所需资源时，$S=0$；当有 a 个申请者在等待资源时，$S=w \times a+1$。式中 w 是一个常数。

- 当一个结点接到它的所有下邻结点发来的回声消息后，它就向它的上邻结点发一回声消息，消息中附上参数 S 及与之对应的结点编号。参数 S 取下列值：

若 $Sr=0$ 且所有回声消息中所附参数均为 0，$S=0$；否则，$S=\min(Sr1+1,\cdots,Sre+1,Sr)$。式中，$Sr$ 为本结点的资源参数；$Sr1,\cdots,Sre$ 为所有回声中所附的非零资源参数。若 S 值被选为 $Sre+1$，那么回声消息中所附结点编号就是附有资源参数 Sre 的回声中所附的结点编号。若 S 值被选为 Sr，则回声消息中所附结点编号就是本结点的编号。

- 申请者获得所有邻结点发来的回声消息后，将按上一条规则选定 S

的方法选中一个资源提供者，然后，向它发申请消息。

- 当一个结点接到申请消息后，就把申请消息登记下，并在可能时将资源分配给它。
- 使用完毕后通知资源分配者去配。

（四）分布式进程同步

由于在分布式系统中，各计算机相互分散，没有共享内存，因而，在单处理机系统中采用的种种进程同步方式已不再适用。例如，两个进程通过信号量相互作用，它们必须要能访问信号量。如果两个进程运行在同一台机器上，它们就都能共享内核中的信号量，并通过执行系统调用来访问。如果它们运行在不同机器上，这种方法就不灵了。采用完全分布式管理方式时，每个资源由位于不同结点上的资源管理者共同来管，每个资源管理者在决定分配它管理的资源以前，必须和其他资源管理者协商，对于由各计算机共享和要互斥使用的各种资源，都要采用这种管理模式。因此，采用这种管理方式时必须设计一个算法，各资源管理者按此算法共同协商资源的分配。这个算法应满足：资源分配的互斥性、不产生饿死现象、各资源管理者处于平等地位而无主控者。通常把这种资源分配算法称分布式同步算法，由同步算法构成的机制称分布式同步机制。

分布式系统中各计算机没有共享内存区，导致进程之间无法通过传统公共变量进行通信（如锁变量或信号量）。实现分布式进程同步比实现集中式进程同步复杂得多，由于进程分散在不同计算机上，进程只能根据本地可用的信息做出决策，系统中没有公共的时钟。进程之间通过网络通信联系，时间消息通过网络传递后也会有延迟，可能资源管理程序接到不同机器上的进程同时发来的资源申请，可是先接到的申请的提出时间，很可能晚于后接到的申请的提出时间。所以，必须先要解决对不同计算机中发生的事件进行排序的问题，然后，再设计出性能优越的分布式同步算法。

1. 事件排序

进程同步的实质是对多个进程在执行顺序上的规定，为此，应对系统中所发生的事件进行排序。由于在分布式系统中，各计算机无公共时钟，也无共享存储器，所以，很难确定系统中所发生的两个事件的先后次序。1978 年 Lamoprt 提出了不使用物理时钟，而对分布式系统中所发生的事件进行排序的方法。Lamport 指出时钟同步不需要绝对同步。如果两个进程是无关的，那么，它们的时钟根本无需同步。而且对于相交进程来说，通常并没有必要让进程在绝对时间上完全一致，而只要限定它们执行的先后次序一致就行了。

先定义一个关系称作"先发生"，表达为"$a \rightarrow b$"读作"a 在 b 之前发生"，意思是指系统中所有进程认为事件 a 先于事件 b 发生，有两三种情况会产生"先发生"关系：

情况①：如果 a 和 b 是同一进程中的两个事件，且 a 发生在 b 之前，则 $a \rightarrow b$ 为真。

情况②：如果 a 是一个进程发送消息事件，b 为另一个进程接收该消息事件，则 $a \rightarrow b$ 为真。

情况③：存在某个事件 c，若有 $a \rightarrow c$ 并且 $c \rightarrow b$，则 $a \rightarrow b$ 为真。

情况①说明同一进程中发生的事件间，可按时间上发生的先后次序来确定"先发生"关系；情况②指出消息决不能在发送之前就已接收，也不能在发送的同时接收，因为传送消息过程会有时间延迟，所以发送消息事件总是先于接收消息事件发生；情况③说明"先发生"关系具有传递性。

按上面的方法定义事件的"先发生"关系后，同一进程中两个事件的先后关系可以被明确确定，不同进程中发生的事件间的先后关系，有一部分可以被确定，而另一部分则不能确定。例如，有三个进程 $P1$、$P2$ 和 $P3$，它们分别发生了以下事件：

事件 a：$P1$ 发送消息给 $P2$。

事件 b：$P2$ 接收来自 $P1$ 的消息。

事件 c：$P2$ 接收到 $P1$ 的消息后发消息给 $P3$。

事件 d：$P3$ 接收来自 $P2$ 的消息。

显然，我们有 $a \rightarrow b \rightarrow c \rightarrow d$；然而，如果假设 $P2$ 在事件 b 之前发生过某事件 f（如打印输出），可以确定 $f \rightarrow b$，$f \rightarrow c$，$f \rightarrow d$ 这些关系，但是 a

和 f 之间的先后关系是无法确定的。如果两个事件 x 和 y 发生在不同进程中，而且这两个进程也不交换信息，那么 $x{\rightarrow}y$ 和 $y{\rightarrow}x$ 都不成立，这两个事件就称为并发事件，简单地说，无法确定这两个事件谁先谁后。

逻辑时钟（又叫 timestamping 时间戳）是指能为系统中的所有活动赋予一个编号的机制，它可以利用一个本地计数器来实现，定义逻辑时钟的实质是把一个系统中的事件映射到一个正整数集合上的一个函数 C，并满足：若事件 a 先发生于事件 b，则 C（a）小于 C（b），此处 C（a）和 C（b）分别是事件 a 和事件 b 所对应的逻辑时钟函数值。系统中的每个进程都拥有自己的逻辑时钟。

上述关于逻辑时钟的定义指出，如果事件 a 先发生于事件 b，则 a 的逻辑时钟小于 b 的逻辑时钟。但反之却不然，因为，两个并发事件的逻辑时钟的大小没有定义，所以，逻辑时钟小的事件不见得先发生。

构造逻辑时钟函数的方法很多，任何满足上述映射关系的正整数函数都可作为逻辑时钟，下面是一种简单的逻辑时钟函数构造方法。定义在某系统集合上的逻辑时钟函数 C 如下：

①对任一进程 P 中的非接收消息事件 ej，若 ej 是 P 的第 1 个事件，则 C(ej)＝1，ej 是 P 的第 j 个事件，而第 $j-1$ 个事件是 $ej-1$，则 C(ej)＝C($ej-1$)＋1。

②对于任一进程 P 中的接收消息事件 er，若 er 是 P 的第 1 个事件，则 C(er)＝1＋C(es')。

此处，es' 是进程 P' 发送这个消息的事件。若 er 是 P 的第 r 个事件，而第 $r-1$ 个事件是 $er-1$，则 C(er)＝1＋max [c($er-1$)，C(es')]。

定义了逻辑时钟后，可以对一个系统中的所有事件人为地排出一个前后关系，对于由 n 个进程组成的网络系统，逻辑时钟可用于对由消息传输所组成的事件进行排序。网络中的每个结点 i 都维护了一个本地计数器 C_i，其功能相当于本地时钟。每次系统发送消息时，它首先把时钟加 1，然后，发送一个消息，其形式为：（m，T_i，i）（其中，m 为消息内容，T_i 为该消息的逻辑时钟，i 为结点编号）。因为，分布式系统中的进程可拥有自己的逻辑时钟（各个结点上的本地时钟），而这些时钟并非是同步运行的。可能出现这种情况：一个进程发送的消息中所含的逻辑时钟大于接收进程收到此消息时它所具有的逻辑时钟值，由于发送消息事件必定出现在接收消息事件之前，故而需要调整接收进程这时的逻辑时钟。所以，当接收消息时，接收进程 j 按照上述规则②应把它的时钟设为其当前值和到达的逻辑时钟值这两者取最大值再加 1。由于逻辑时钟只能向前走，不能倒退，所以校正逻辑时钟值是加至少为 1 的正数，而不是减一个正数。在每个结点，事件的排序由下列规则确定：对于来自站点 i 的消息 x 和来自站点 j 的消息 y，若下列条件之一成立，则说事件 x 先发生于事件 y：①$Ti<Tj$ 或②如果 $Ti=Tj$ 并且 $i<j$。

与每个消息有关的时间是附加在消息上的时间戳，这些时间的顺序是通过上述两个规则确定的。

现在来讨论事件排序规则的原理，看看 Lamport 提出的时钟同步算法如何校正系统中发生事件的逻辑时间。考虑有三个进程并发工作，它们运行在不同的机器上，每台机器都带有自己的时钟，并且按照它自己的速度计时。在进程 $P0$ 中，时钟滴答为 6；而此时在进程 $P1$ 中，时钟滴答为 8；并且进程 $P2$ 中，则时钟滴答却为 10。每个时钟都按恒定的速率计时，但不同机器上的晶体振荡有差别，造成各自的时钟速率不一样。

在时钟滴答为 6 时，进程 $P0$ 发送消息 A 给进程 $P1$。该消息花多长时间到达目的地，取决于基于哪一个时钟来计算。如果进程 $P1$ 接收到消息是在时钟滴答为 16 时，而同时消息 A 携带的时钟滴答为 6，那么，进程 $P1$ 可以认为此消息路上花了 10 个时钟滴答，这是完全可能的时间值。同样道理，消息 B 从进程 $P1$ 传送到进程 $P2$ 花了 16 个时钟滴答，也是完全可能的时间值。

现在来看消息 C，它从进程 $P2$ 传送到进程 $P1$，开始发送时的时钟滴答为 60，而消息到达时的时钟滴答为 56。类似地，消息 D 从进程 $P1$ 传送到进程 $P0$，开始传送时的时钟滴答为 64，而消息到达时的时钟滴答为 54。很显然这些时间值是不可能的，也是必须避免出现的情况，要对它们加以校正。

Lamport 的时间校正方法是从"先发生"关系直接得出来的，因为，消息 C 被发送时的时钟滴答为 60，当它到达时，其时钟滴答值应为 61 或大于 61。因此，让每个消息都携带其发送者的时钟所确定的发送时间，当消息到达目的地，若接收者的时钟当时的指示值先于消息的发送时间，接收者的时钟值就应快于发送时间加 1 之后的时间值。从图 6 - 7（b）看出，消息 C 到达的时间现在为 61，同样消息 D 到达的时间为 70。

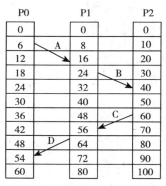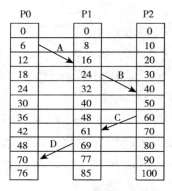

（a）进程各有自己的时钟　　　　　　　　（b）Lamport算法校正时钟

图 6 - 7　Lamport 时间校正方法

再加一个小小的附加的条件，此算法就能满足系统中全局性时间的需要，为所有事件确定全局顺序关系。所加条件是：两个事件之间，时钟至少要滴答一次。如果一个进程在极短的时间内快速发送或接收两个消息，那么，必须调整时钟，使这两个事件之间时钟至少要走一个滴答。

在某些情况下，上面的算法还需要满足条件：任何两个事件都不会恰巧在完全相同的时刻发生。为了要满足这个关系，对具有相同时间戳的两个消息则通过它们所在的站点编号来排序，这种规定能避免各通信进程的不同时钟之间的重合问题。

图 6 - 8 时间戳算法的操作例子中，有三个结点都通过一个控制时间戳算法的进程来表达。进程 $P1$ 开始时钟值为 0，为了传送消息 a，它把时钟值加 1 并发送（a，1，1）。这个消息被结点 2 和 3 的进程收到，由于这两种情况中本地时钟值是 0，则时钟应被设置成值 2＝1＋max [0，1]。

接着 P2 首先将它的时钟增加为 3，再发出下一个消息。当接收到消息后，P1 和 P3 必须把他们的时钟增加到 4。然后，在大致相同的时间，以相同的时间戳，P1 发出消息 b，而 P3 发出消息 j。根据前面介绍的排序原则，这不会产生混淆，在所有这些事件发生后，消息的顺序在所有结点上是相同的，依次为 a，x，b 和 j。

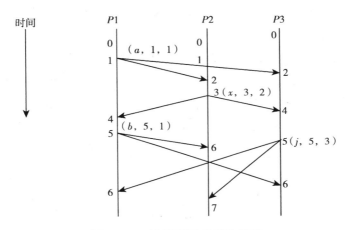

图 6-8　时间戳算法的操作例子

算法在工作时，如果不考虑在两个结点间传输消息时间上的差别，来看一下如图 6-9 的例子。这里 P1 和 P4 以相同的时间戳发出消息，来自 P1 的消息在结点 2 上比来自 P4 的消息到得早，但在结点 3 上来自 P1 的消息比来自 P4 的消息到得晚。不过，当所有消息在所有结点上都接收完

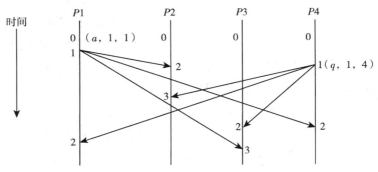

图 6-9　时间戳算法操作的另一个例子

后，消息的顺序在所有结点上是相同的，依次为 a，q。为什么在结点 3 上的消息次序也是 a，q 呢？这是因为 $P1$ 和 $P4$ 以相同的时间戳发出消息（$T1=1$，同时 $T4=1$），但由于结点号 $i<j$，所以，$P1$ 发出消息的事件先发生，$P4$ 发出消息的事件后发生，故在结点 3 上，消息次序应为 a 先而 q 后。

2. 分布式同步算法（Lamport 算法）**简介**

Lamport 算法利用事件排序方法，对要求访问临界资源的全部事件进行排序，按照 FCFS 次序，对事件进行处理。

Lamport 算法基于以下假设：分布式系统由 n 个结点组成，每个结点建立一个数据结构，Lamport 把它叫作队列，实际上它是一个数组，用来记录该结点最近收到的消息和该结点自己产生的消息。不妨假定每个结点只有一个进程和仅负责控制一种临界资源，并行处理那些同时到达的请求。数组的下标也就是结点编号（1~n），该数组被初始化为 application-stack＝($release$，0，i) $i=1$，…，n。

该算法用到了三种类型的消息：

• ($request$，Ti，i) 进程 Pi 发出的访问资源的请求消息。

• ($reply$，Tj，j) 进程 Pj 同意请求进程访问其控制的资源的回答消息。

• ($release$，Tk，k) 占有资源的进程 Pk 释放资源时给各进程释放的消息，每个消息的内容包括：消息类型、时间戳、结点号。

Lamport 算法描述如下：

①当进程 Pi 要求访问临界资源时，它向其他各进程分别提交带有本地时间戳的申请消息 ($reguest$，Ti，i)，同时也把此申请消息放入自己的请求队列中的 applicationstack [i] 位置。注意，申请事件必定先于发送事件，所以申请消息的时间戳必先于发送申请消息的时间戳。

②当其他结点进程 Pj 接收到申请消息 ($reguest$，Ti，i) 时，它把这条消息放入自己队列的 applicationstack [i] 位置。若进程 Pj 在收到 ($reguest$，Ti，i) 时，发生了申请事件且还未发完申请消息，那么，要在接收进程 Pj 发完所有申请消息后才发回答消息，否则立即发回答消息。

③若满足以下条件，则允许进程 Pi 进入临界区访问资源：

• Pi 申请请求访问资源的消息、即 applicationstack 中的 *request* 是队列中最早的申请请求消息，因为，消息在所有结点一致排序，故在任意时刻只有一个进程访问资源。

• 进程 Pi 已收到了所有其他进程的回答消息 *reply*，都同意其访问资源，而且响应消息上的时间戳晚于 (Ti, i)。此条件表明其他进程要么不访问资源，要么要求访问但其时间戳较晚。

④为了释放该资源，Pi 从自己的请求队列 applicationstack $[i]$ 位置消去 $(reguest，Ti，i)$，同时再发送一条打上时间戳的 $(release，Ti，i)$ 给所有其他进程。

⑤当进程 Pj 收到进程 Pi 的释放消息 *release* 后，从自己的队列 applicationstack $[i]$ 中消去 Pi 的请求消息 $(reguest，Ti，i)$。

为了确保互斥，该算法共需要传送 $3(n-1)$ 条消息：$(n-1)$ 条 *request* 消息、$(n-1)$ 条 *reply* 消息和 $(n-1)$ 条 *release* 消息。

(五) 分布式系统中的死锁

1. 死锁类型

在网络和分布式系统中，除了因竞争可重复使用资源而产生死锁外，更多地会因竞争临时性资源而引起死锁。虽然，对于死锁的防止、避免和解除等基本方法与单处理机相似，但难度和复杂度要大得多。由于分布式环境下，进程和资源的分布性，竞争资源的诸进程来自不同结点。然而，拥有共享资源的每个结点，通常只知道本结点中的资源使用情况，因而，检测来自不同结点中进程在竞争共享资源是否会产生死锁显然是很困难的。

分布式系统中的死锁可以分成两类：资源死锁和通信死锁。资源死锁是因为竞争系统中可重复使用的资源，如打印机、磁带机以及存储器等引起的，一组进程会因竞争这些资源，而由于进程的推进顺序不当，从而发生系统死锁。在集中式系统中，如果进程 A 发送消息给 B，进程 B 发送消息给 C，而进程 C 又发送消息给 A，那么，就会发生死锁。在分布式系统中，通信死锁是指在不同结点中的进程，为发送和接收报文而竞争缓冲区，如出现了既不能发送，又不能接收的僵持状态。

2. 分布式死锁检测与预防

（1）集中式死锁检测

分布式系统中，每台计算机都有一张进程资源图，描述进程及其资源占有状况，让一台中心计算机上拥有一张整个系统的进程资源图，当检测进程检测到环路时，就中止一个进程以解决死锁。检测进程必须适时地获得从各个结点发送的更新信息，可用以下办法解决更新问题：一是每当资源图中加入或删除一条弧时，相应的变动消息就应发送给检测进程；二是每个进程可以周期性地把自己从上次更新后新添加或删除的弧的信息发送给检测进程；三是在需要的时候检测进程主动去请求更新信息。

上述方法可能会产生假死锁问题，因为，在网络和分布式环境下，如果检测出进程资源图中的环形链，是否系统真的发生了死锁呢？答案是不确的，也可能真的发生了死锁，也可能是假的死锁，其原因是进程所发出的请求与释放资源命令的时序，与执行这两条命令的时序未必一致。下面通过一个例子来说明假死锁的情况，考虑进程 A 和 B 运行在结点 1 上，C 运行在结点 2 上；共有三种资源 R，S 和 T；开始状态如图 6-10（a）（b）所示。A 拥有 S 请求 R，但 R 被 B 占用；B 使用 R；C 使用 T。

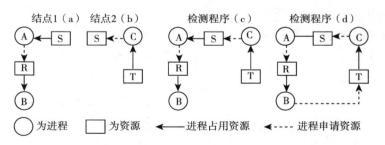

图 6-10　集中式死锁检测

检测进程检测到的状态如图 6-10（c）所示，这时系统是安全的。一旦进程 B 运行结束，A 就可以得到 R，然后，运行就能结束，并释放进程 C 所等待的 S。但不久之后，进程 B 释放了 R 并同时请求 T，这是一个合法操作。结点 1 向检测进程发送消息声明进程 B 正在等待它的资源 T。假如，结点 2 的消息比结点 1 发送的消息先到达，这就导致了图 6-10（d）

所示的资源图，检测进程错误地得出死锁存在的结论，并中止某进程。由于消息的不完整和延迟使得分布式死锁算法产生了假死锁问题。

可以用 Lamport 算法提供的全局时间来解决假死锁问题。从结点 2 到检测进程的消息是由于结点 1 的请求而发出的，那么，从结点 2 到检测进程的消息的逻辑时钟就应该晚于从结点 1 到检测进程的消息的逻辑时钟。当检测进程收到了从结点 2 发来的有导致死锁嫌疑的消息后，它将给系统中的每台机器发一条消息："我收到了从结点 2 发来的会导致死锁的带有逻辑时钟 T 的消息，如果任何有小于该逻辑时钟的消息要发给我，请立即发送。"当每台机器给出肯定或否定的响应消息后，检测进程会发现从 R 到进程 B 的弧已消失了，因而，系统仍然是安全的。这一方法的缺点是需要全局时间、开销较大。

（2）分布式死锁检测

分布式检测算法无需在网络中设置掌握全局资源使用情况的检测进程，而是通过网络中竞争资源的进程相互协作来实现对死锁的检测，具体实现方法如下。

①在每个结点中都设置一个死锁检测进程。

②必须对请求和释放资源的消息进行排队，每个消息上附加逻辑时钟。

③当一个进程欲存取某资源时，它应先向所有其他进程发送请求信息，在获得这些进程的响应信息后，才把请求资源的消息发给管理该资源的进程。

④每个进程应将资源的已分配情况通知所有进程。

由上可见，为实现分布式环境下的死锁检测，通信的开销相当大，而且还可能出现假死锁，因而，实际应用中，主要还是采用死锁预防方法。

为了防止在网络中出现死锁，可以采取破坏产生死锁的四个必要条件之一的方法来实现。为了防止资源死锁，第一种方法可以采用静态分配方法，让所有进程在运行之前，一次性地申请其所需的全部网络资源。这样，进程在运行中不会再提出资源申请，破坏了"占用和等待"条件。如果网络系统无法满足进程的所有资源要求，索性一个资源也不分配给该进程，这样也能预防死锁。第二种方法是按序分配，把网络中可供共享的网络资源进行排序，同时要求所有进程对网络资源的请求，严格按资源号从小到大的次序提出申请，这样可防止在分配途中出现循环等待事件。第三种方法主要解决报文组装、存储和转发造成缓冲区溢出而产生的死锁。为了避免发生组装型死锁，源结点的发送进程在发送报文之前，应先向目标结点申请一份报文所需的全部缓冲区，如果目标结点无缓冲区，干脆一个也不分配，让发送进程等待。为了避免存储转发型死锁，可以为每条链路上的进程配置一定数量缓冲区，且不允许其他链路上的进程使用；或者当结点使用公共缓冲池时，系统限制每个进程只能使用一定数量的缓冲区，留出足够的后备缓冲空间。

（六）分布式文件系统

1. 分布式文件系统概述

分布式文件系统是分布式系统的重要组成部分，它允许通过网络来互连，使不同机器上的用户共享文件的一种文件系统。它的任务也是存储和读取信息，许多功能都与传统的文件系统相同。它不是一个分布式操作系统，而是一个相对独立的软件系统被集成到分布式操作系统中，并为其提供远程访问服务。分布式文件系统具有以下特点。

- 网络透明性：客户访问远程文件服务器上的文件的操作如同访问本机文件的操作一样。

- 位置透明性：客户通过文件名访问文件，但并不知道该文件在网络中的位置；文件的物理位置变了，但只要文件的名字不变，客户仍可进行访问。

在分布式系统中，区分文件服务（File Service）和文件服务器（File server）的概念是非常重要的。文件服务是文件系统为其客户提供的各种功能描述，如可用的原语、它们所带的参数和执行的动作。对于客户来说，文件服务精确地定义了他们所期望的服务，而不涉及实现方面的细节。实际上，文件服务提供了文件系统与客户之间的接口。

文件服务器是运行在网络中某台机器上的一个实现文件服务的进程，一个系统可以有一个或多个文件服务器，但客户并不知道有多个文件服务器及它们的位置和功能。客户所知道的只是当调用文件服务中某个具体过程时，所要求的工作以某种方式执行，并返回所要求的结果。事实上，客户不应该也不知道文件服务是分布的，而它看起来和通常单处理机上的文件系统一样。

2. 分布式文件系统的组成

分布式文件系统为系统中的客户机提供共享的文件系统，为分布式操作系统提供远程文件访问服务。分布式操作系统通常在系统中的每个机器上都有一个副本，但分布式文件系统并不一样。它由两部分组成：运行在服务器上的分布式文件系统软件和运行在每个客户机上的分布式文件系统软件。这两部分程序代码在运行中都要与本机操作系统的文件系统紧密配合，共同起作用。由于现代操作系统都支持多种类型的文件系统，因此，本机上的文件系统均是虚拟文件系统，它可以支持多个实际的不同文件系统，分布式文件系统将通过虚拟文件系统（vfs）和虚拟节点（vnode）与本机文件系统交互作用。例如，Sun 公司的网络文件系统 NFS 由以下部分组成。

- 网络文件系统协议：定义了一组客户可能向服务器发送的请求，以请求所用参数和可能返回的应答。
- 远程过程调用协议：定义了客户和服务器之间所有的交互格式。
- 扩展数据表达（XDR）：提供与机器无关的通过网络传送数据的方法。
- 网络文件系统服务器代码：负责处理所有客户机的请求，执行相关文件服务。
- 网络文件系统客户机代码：通过用户对本机文件系统的系统调用转换成一个远程过程调用，并通过向服务器发送一个或多个 RPC 请求来实现客户对远程文件的访问。
- 安装协议：定义了为客户机安装和卸载文件系统及子目录树的操作和语义。
- 服务器监听进程：负责监听以及响应客户机的服务请求。
- 服务器安装进程：负责处理客户机的安装请求。

- 客户机 I/O 进程：负责客户机的文件块的异步 I/O。
- 网络锁定管理器和状态监视器：实现对网络中文件的锁定功能。

3. 分布式文件系统体系结构

分布式文件系统的体系结构目前多数采用客户/服务器模式，客户是要访问文件的计算机，服务器是存储文件并且允许用户访问这些文件的计算机。分布式文件系统中需要解决的另一个问题是命名的透明性，大致上有三种办法：一是通过机器名＋路径名来访问文件；二是将远程文件系统安装到本机文件目录上，这样，用户可以自己定制文件名字空间；三是让所有机器看起来有相同的单一名字空间，这种方法实现难度较大。分布式文件系统中需要解决的第三个问题是远程文件的访问方法，在客户/服务器模式中，客户使用远程服务方法访问文件，服务器则响应客户的请求。但有些系统中的服务器能提供更多的服务，它不仅响应客户的请求，还对客户机中的高速缓存的一致性作出预测，一旦客户数据变为无效时便通知客户。下面介绍一个实际的分布式文件系统——网络文件系统 NFS：

（1）NFS 的结构

NFS 的基本思想是让任意组合的客户机和服务器共享一个公共的文件系统。在大部分情况下，所有的客户机和服务器都连接在同一个局域网上，但这并不是必需的，NFS 也可以在广域网上运行。

每个 NFS 服务器都输出一个或数个目录供远程客户机访问。一个目录可用，总是意味着它的所有子目录也都是可用的，即输出的总是一个目录树。服务器输出的所有目录都列在文件/etc/exports 中，以便当服务器引导时能自动地予以输出。

客户机在访问服务器的目录前必须先安装它们，客户机安装了远程目录后，这个目录就成了客户机目录层次的一部分（图 6 - 11）。Sun 有一些工作站是无盘的。无盘的客户机总是在引导时将远程的文件系统装入自己的根目录，形成一个完全由远程服务器支持的文件系统。有盘工作站则只将远程目录装在本地目录层次的某个位置，形成一个部分本地、部分远程的文件系统。对运行在客户机上的程序而言，文件是位于本地的还是位于远程机器上是没有什么两样的。

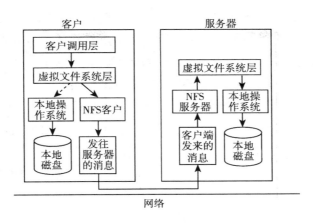

图 6-11　NFS 层次结构

因此，NFS 的基本结构特征就是服务器输出目录，而客户机安装目录。如果两个或多个客户机同时安装了某个目录，它们就可以通过共享其中的文件来实现通信。例如，客户机 A 可以创建一个文件，而客户机 B 可以读这个文件。共享文件的前提只有一个，即不同的客户机安装了相同的目录。对共享文件的读写与通常的文件访问没有区别。这种简便是 NFS 受到欢迎的一个重要原因。

（2）NFS 协议

NFS 的一个主要目标是支持异构型系统，即客户机和服务器可能运行在不同的硬件平台和操作系统环境下，为此，需要对客户机和服务器的接口进行定义。只有这样，才能写出正确的客户机和服务器程序。NFS 定义了两个客户机/服务器协议来实现这一目标。

协议是一组由客户机送往服务器的请求，以及相应的从服务器送回客户机的应答。只要服务器能够识别和处理协议中的所有请求，它就不需要了解客户机的有关情况。同样，客户机也可把服务器看作是能接收和处理一组特殊请求的过程，至于服务器如何做，则是它们自己的事。

NFS 的第一个协议是处理安装问题。客户机向服务器送出一个路径名，请求允许将该目录安装在其目录层次的某个位置。实际安装的位置并不包含在消息中，因为服务器不关心它。如果路径名是合法的，且该目录已被服务器输出，服务器就返回一个文件句柄给客户机。文件句柄中的域指出了相应目录的文件系统类型、所在硬盘、目录的 i 结点号以及安全信息。此后对已安装了的目录内的文件的访问就通过这个句柄进行。

为了避免手工操作，许多客户机被配置成能在启动时自动安装远程目录。通常，这类客户机中有一个称为/etc/rc 的 Shell 文件，这个文件中包含了安装远程文件系统的命令。客户机启动时，这个 Shell 文件会被自动执行。

另外，Sun 的 UNIX 操作系统也支持自动安装功能。这个功能是将一组远程目录与一个本地目录对应起来，但在客户机系统启动时却不安装远程目录，甚至也不与远程的服务器发生接触。只有当需要打开远程文件时，操作系统才给相应的若干个服务器发出消息。实际安装的是第一个送回应答消息的服务器上的相应目录。与通过/etc/rc 文件实现的静态安装相比，自动安装有两个优点。首先，如果/etc/rc 中给出的某个 NFS 服务器没有开机或出现故障，客户机就可能引导不起来，或者出现一些困难、延迟和错误信息。如果用户当时并不需要这个文件服务器，则所有的安装工作都浪费了。其次，允许客户机同时试着接通多个服务器，可以实现某种程度的容错性，且有助于提高性能。

另一方面，上述过程也要求所有可供自动安装的文件系统都是一样的。由于 NFS 本身并不支持文件或目录的重复，用户必须承担保证可能被自动安装的多个文件系统的一致性的责任。因此，自动安装常用于只读的文件系统，如那些包含系统二进制文件和其他极少改变的文件的文件系统。

NFS 的第二个协议用于文件和目录的访问。客户机可以向服务器发送消息，以操作目录和读写文件。另外，客户机也可以访问文件属性，如文件访问模式、大小、最近修改时间等。NFS 支持大部分的 UNIX 系统调用，但不支持 open 和 close。

省略 open 和 close 并不是因为偶然的错误，而是完全有意识的。原则上，在读文件前打开文件和在读完后关闭文件都是不必要的。客户机在读文件时，先向服务器发一个带文件名的消息，要求查找这个文件并返回一个文件句柄，这个句柄实际上就是一个与该文件有关的数据结构。不同于 open 系统调用，这个 lookup 操作并不将任何信息复制到系统的内部表格中。系统调用 read 的参数包括欲读文件的句柄，开始读处在文件中的偏移量及需要读取的字节数。每个这样的消息都是自足的。这种做法的好处是服务器不用记住对它的各种调用之间的相互联系，从而当服务器发生故障并恢复后，也不会丢失与打开文件有关的信息（因为根本就没有这样的信息）。像这样不保留有关文件打开的状态信息的服务器称为无状态的服务器。

但是，NFS 的上述特点却是与 UNIX 的文件语义并不严格一致的。例如在 UNIX 中，可以对打开的文件加锁以阻止其他进程访问该文件，且只有当文件被关闭后，锁才被释放。在 NFS 提供的文件服务中，由于服务器不知道哪些文件是打开的，故无法将锁与打开的文件联系起来。为此，NFS 需要一个单独的处理锁的机制。NFS 使用了 UNIX 对文件访问方式的保护机制，即相应于文件主、同组同户和其他用户的 rwx 位。早先，每个请求住处都附带有调用者的用户号和组号，NFS 就用它们来检查访问的合法性。实际上，这种做法要求客户机不实施欺骗行为。数年的经验表明，这样的假设是没有意义的。现在，可以用公开密钥系统来为服务器和客户机间的每个请求和应答建立安全键。当采用这种选项时，未经授权的客户机由于不知道正确的密码而无法作假。这里的密码系统只用于核对参与通信的双方，而不对涉及的数据进行重编码。

用于核查的所有密钥及其他信息都通过 NIS（网络信息服务）实现。NIS 先前的名字叫黄页（yellow page），其作用是存储（密钥，值）对。在给定密钥后，它给出相应的值。除了承担解密工作外，它还存放用户与其加密了的口令、机器名与其网络地址等对应关系。

网络信息服务是通过主从方式分布的。为了读到数据，进程可以通过主页，也可以通过它的某个副本读取。但所有的改变都应该针对主页进行，然后再传给从页。因此，在更新结束后的一个小间隔内，数据是不一致的。

（3）NFS 的实现

NFS 的协议与客户机及服务器的代码是互相独立的，这里讨论的是 SUN 的 NFS 实现。它分成三层，最顶层是系统调用层，处理诸如 open、 read、close 等调用。通过对调用的词法进行分析，并核对参数后，它就调用第二层，即虚拟文件系统（VFS）层。

VFS 层的作用是建立并维持一个打开文件表，它的每一项对应一个打开了的文件，很像 UNIX 中打开文件的 i 结点表。在常规的 UNIX 中，i 结点是通过（设备，i 结点号）唯一地址指定的，而 VFS 层则为每个打开文件设立了一个称为 v 结点（虚拟 i 结点）的项，用于指出文件是本地的还是远程的。

4. v 结点的使用方式

下面通过考察 mount、open、read 等一串系统调用，说明 v 结点的使用方式。系统管理员在安装远程文件系统时，通过 mount 程序指定远程目录、本地安装位置及其他有关信息。

（1）安装（Mount）

安装程序首先分析远程目录，找出远程机器的名字，然后与远程机器取得联系，要求得到远程目录的文件句柄。如果远程目录存在，且允许远程安装，服务器就返回一个该目录的句柄。最后，mount 程序执行 mount 系统调用，将这个句柄交给核心。

核心接到句柄后，为远程目录构造一个 v 结点，要求 NFS 客户机代码在其内部表中创建一个 r 结点（远程 i 结点）来装这个文件句柄，并将 v 结点指向 r 结点。VFS 层中的每一个 v 结点最终都有一个指针指向 NFS 客户机代码中的一个 r 结点或本地操作系统中的 i 结点。因此从 v 结点中可以看出文件或目录是本地的还是远程的，对远程的还可以找到句柄。

（2）打开（Open）

打开远程文件时，通过分析路径名，核心会遇到安装远程文件系统的那个目录。当发现该目录不在本地后，通过 v 结点就可找到指向 r 结点的指针。于是，核心就要求 NFS 客户机程序去打开文件。NFS 客户机程序在远程服务器的相关目录中查找剩下的那部分路径名，如果存在，就取回一个文件句柄。它在自己的表中为远程文件建立一个 r 结点，并报告 VFS 层，后者接着就在自己的表中加入一个 v 结点，并让它指向 r 结点。

Open 的调用者将得到一个远程文件描述符，它实际上对应于 VFS 层

次中的某个 v 结点。注意在服务器那边没有建立任何表格。尽管服务器一直准备着为每个请求提供文件句柄，它并不记录哪些文件的句柄已经给出，哪些还没有。当它收到一个文件句柄和相应的访问请求后，只要核查结果是合法的，就可以用。在选择了安全选项时，合法性检查中包括密码的核对。

（3）读/写（Read/Write）

当文件描述符在后续的系统调用（如 read）中使用时，由 VFS 层确定相应的 v 结点，弄清它是本地的还是远程的，并得到对应的 i 结点或 r 结点。

出于效率方面的考虑，客户机和服务器之间的数据传送以较大的块（通常是 8 192 字节）进行，尽管有时实际需要的数据量较小。客户机在得到它所需要的 8K 字节后，马上自动地请求得到下一块，这样当真的需要下一块时，很快就能得到。这种称为预读的机制对提高性能是很有帮助的。

写操作采用的策略是类似的。如果 write 系统调用提供的数据少于 8 912 字节，数据将只在本地累积。只有当整个 8KB 的块满了以后才送往服务器。当然，当文件被关闭后，所有的数据都将被送往服务器。

用于提高性能的另一种方式是像常规 UNIX 那样利用快速缓存（Cache）技术。服务器会缓存数据以避免磁盘访问，但这个动作不为客户机所见。客户机则维持两个缓冲区，一个用于文件属性（i 结点），另一个用于文件中的数据。无论是需要 i 结点还是数据块，都首先在客户机的缓冲区中找。如果找到，就不需要通过网络进行传输了。

虽然客户机上的缓冲大大提高了性能，但它也带来了一些麻烦。假设两个客户机都缓存了同一个文件块，且其中的一个修改了数据。当另一个读数据时，它实际上取得了不正确的旧数据：Cache 已不再一致了。这个问题与我们前面谈过的多处理机中的情况是一样的。但在那个时候，我们是通过让 Cache 监视总线上的写操作并适时更新有关数据来保证一致性的。但对文件 Cache，这种方法就失效了，因为命中文件 Cache 的写操作不会产生任何可供检测的网络通信。即使产生了网络通信，现在也没有合适的能同时侦听所有网络操作的硬件机制。

NFS 在实现上采取了一些措施来减轻文件 Cache 的不一致带来的影响。其一是，给每个 Cache 块设置一个定时计数器，时间满后就抛弃该块。数据块的定时通常是 3 秒，目录块是 30 秒。这样做减少了发生不一致的风险。另外，当打开一个已被缓存的文件时，总是先向服务器发消息去查看文件的最近修改时间。如果最近修改时间在缓存文件的动作之后，就必须丢弃 Cache 中的副本，并从服务器取得新的副本。最后，每经过 30 秒，所有已被修改过的 Cache 块都将被送回服务器。

即便如此，NFS 还是没能很好地实现 UNIX 语义，如前节所述，某个客户机对文件的写操作是否为别的客户机所见完全取决于时间方面的因素。进而，当创建新文件时，必须等 30 秒以后，外部世界才能知道这件事。还有其他类似的问题。

从这个例子可以看到，尽管 NFS 提供了一个共享的文件系统，但由于它是通过在 UNIX 系统上打补丁得到的，文件访问的语义就不再是原先那个样子了，而且多个互相协作的程序同时工作时还可能得到与时间有关的不同的结果。而且，NFS 处理的唯一对象是文件系统，诸如进程执行等其他许多问题都没有涉及。然而，NFS 的使用还是非常广泛的。

（七）分布式进程迁移

在计算机网络中，允许程序或数据从一个结点迁移到另一个结点，在分布式系统中，更是允许将一个进程从一个系统迁移到另一个系统中。

1. 数据迁移 （Data Migration）

假如系统 A 中的用户欲访问系统 B 中文件的数据，可以采用以下两种方法来实现数据传送。

第一种方法是将系统 B 中的整个文件送到系统 A 中，这样，凡是系统 A 中的用户要访问该文件时，都变成了本地访问。当用户不再需要此文件时，若文件拷贝已被修改，则须把已修改过的拷贝送回系统 B；若未被修改，便不必将文件回送。如果文件比较大，系统 A 中的用户用到的文件数据又比较少，采用这种来回传送整个文件的方法，系统的效率较低。

第二种方法是仅把文件中用户当前要使用的部分从系统 B 传送到系统 A，若以后用户又要用到该文件中的另一部分，可继续将另一部分从系统 B 传送到系统 A。当用户不再需要使用此文件时，则只需把修改过的部分传回系统 B。Sun 公司的网络文件系统 NFS 和 Microsoft 的 NETBU 便使用了这种方法。

2. 计算迁移（Computation Migration）

在有些情况下，传送计算要比传递数据效率高。例如，有一个用户应用，它需要访问多个驻留在不同系统中的大型文件，以获得有关数据。此时，若采用数据迁移方式，便须将驻留在不同系统上的所需文件传送到用户应用驻留的系统中。这样，要传送的数据量相当大，可以采用计算迁移来解决这个问题。

计算迁移可以有多种不同的执行方式。它可以通过 RPC 调用不同系统上的例行程序来处理文件，并把处理后的结果传给自己；它也可以发送多个消息给各个驻留了文件的系统，这些机器上的操作系统将创建一个进程来处理相应文件，进程处理完毕后再把结果传递回请求进程。注意，在第二种方式中请求进程和执行请求的进程是在不同的机器上并发执行的。上述两种方法，经过网络传输的数据相当少。如果传输数据的时间长于这段命令的执行时间，则计算迁移方式更可取；反之，数据迁移方式更有效。

3. 进程迁移（Process Migration）

进程迁移是计算迁移的一种延伸，当一个新进程被启动执行后，并不一定始终都在同一处理机上运行，也可以被迁移到另一台机器上继续运行。下列原因需要引入进程迁移。

● 负载均衡。分布式系统中，各个结点的负荷经常不均匀，此时，可以通过进程迁移的方法来均衡各个系统的负荷。把重负荷系统中的进程迁移到轻负荷的系统中去，以改善系统性能。

● 通信性能。对于分布在不同系统中，而彼此交互性又很强的一些进程，应将它们迁移到同一系统中，以减少由于它们之间由于频繁交互而加大的通信开销。类似地，当某进程在执行数据分析时，如果它们所需的文件远远大于进程，则此时应该把该进程迁移到文件所驻留的系统中去，能进一步降低通信开销。

- 加速计算。对于一个大型应用，如果始终在一台处理机上执行，可能要花费较多时间，使作业周转时间延长。但如果能为该作业建立多个进程，并把这些进程迁移到多台处理器上执行，会大大加快该作业的完成时间，从而缩短作业的周转时间。

- 特殊功能和资源的使用。通过进程迁移来利用特殊结点上的硬件或软件功能或资源。在分布式系统中，如果某个系统发生了故障，而该系统中的进程又希望继续下去，则分布式操作系统可以把这些进程迁移到其他系统中去运行，提高了系统的可用性。

为了实现进程迁移，在分布式系统中必须建立相应的进程迁移机制，主要负责解决①由谁来发动进程迁移；②如何进行进程迁移；③如何处理未完成的信号和消息等问题。

进程迁移的发动取决于进程迁移机制的目标，如果目标是平衡负载，则由系统中的监视模块负责在适当时刻进行进程迁移。在分布式系统中配置了系统负载监视模块，设定其中一个结点上的模块为主模块。主模块定时地与各系统的监视模块交互有关系统负荷情况的信息。一旦发现有些系统忙碌，而有些系统空闲时，主模块便可启动进程迁移，向负载沉重的系统发出命令，让其把若干进程迁移到负载轻的系统中去。当然，这对用户是透明的，所有进程迁移工作都由系统完成。类似地，如果进程迁移是为了其他目标，则分布式系统中的其他相应部分成为进程迁移的发动者。

在进程进行迁移时，应把系统中的已迁移进程撤销，在目标系统中建立一个相同的新进程，因为这是进程的迁移而不是进程的复制。进程迁移时，所迁移的是进程映象，包括进程控制块、程序、数据和栈。此外，被迁移进程与其他进程之间的关联应作相应修改。

进程迁移的过程并不复杂，但需要花费一定的通信开销，困难在于进程地址空间和已经打开的文件。由于现代操作系统均采用虚拟存储技术，对于进程地址空间可使用如下三种办法。一是传送整个地址空间，把一个进程的所有映象全部从源系统传递到目标系统，这种方法简单，但当地址空间很大，且进程只需要用到一部分程序和数据时，会造成浪费。二是仅传送内存中的且已修改了的那部分地址空间，若程序运行时还需要附加虚存空间的部分信息，则可以通过请求方式予以传送。这样，所传送的数据量是最少的，但源系统中仍然必须保存被迁移进程的数据及相关信息，源系统并未从对该进程的管理中解脱出来。三是预先复制，进程继续在原结点上执行，而地址空间被复制到目标结点上，由于原结点上的某些地址空间内容又被修改过，所以需要有二次迁移，这种方法能减少进程被冻结的时间。如果被迁移的进程还打开了源系统中的某些文件，可用两种方法来处理，一种方法是将已打开的文件随进程一起迁移，这里存在的问题是进程有可能仅仅临时迁移过去，返回时才需要访问该文件；第二种方法是暂时不迁移文件，仅当迁移后的进程又提出对该文件的访问要求时，再进行迁移。如果文件被多个分布式进程所共享，则需要维护对文件的分布式访问，而不必迁移。

在一个进程由源系统向目标系统迁移期间，可能会有其他进程继续向源系统中已迁移进程的进程发来消息或信号，这时应如何处理？一种可行的方法是在源系统中提供一种机构，用于暂时保存这类信息，还需保存被迁移进程所在目标系统的新地址，当被迁移进程已在目标系统中被建成新进程后，源系统便可将已收到的相关信息转发至目标系统。

IBM 的 AIX 是一种分布式 UNIX 操作系统，它提供了一种实用的进程迁移机制。进程迁移的步骤如下。

- 当进程决定迁移自身时，它先选择一个目标机，发送一个远程执行任务的消息，该消息运载了进程映象及打开文件的部分信息。
- 在接收端，内核服务进程生成一个子进程，将这些信息交给它。
- 这个新进程收集完成其操作所需的环境、数据、变量和栈信息。如果它是"脏"的就复制程序文件；如果是"干净"的，则请求从全局文件系统中调页。
- 迁移完成后发消息通知源进程，源进程就发一个最后完成消息给新进程，然后删去自己。

五、分布式计算基础

随着计算机的普及，个人电脑开始进入千家万户。与之伴随产生的是电脑的利用问题。越来越多的电脑处于闲置状态，即使在开机状态下 CPU 的潜力也远远不能被完全利用。而另一方面，需要巨大计算量的各种问题不断涌现出来。鉴于此，随着网络普及，在互联网上开始出现了众多的分布式计算计划。所谓分布式计算是一门计算机学科，它研究如何把一个需要非常巨大的计算能力才能解决的问题分成许多小的部分，然后把这些部分分配给许多计算机进行处理，最后把这些计算结果综合起来得到最终的结果。可以说，这些计划的出现恰好为人们充分发挥个人电脑的利用价值提供了一种有意义的选择。

（一）分布式计算的发展

分布式计算技术已经经历了 3 个阶段：面向过程 DCE/RPC、面向对象的组件技术、面向服务的 Web Service。

1. 面向过程的 DCE/RPC

第一代分布式计算技术诞生在 1990 年左右。开放式软件基金 OSF（Open Software Foundation）定义了一个独立于操作系统的体系结构，用于开发分布式应用程序的环境 OSF/DEC。其核心是远程过程（RPC）机制，称为 DCE/RPC。RPC 的思想很简单，就是把本地的过程调用扩展到分布式环境。当程序员使用 DCE/RPC 调用一个远程过程时，代码实际执行的是一个代理函数。代理过程的目的是编排输入参数，并把它们传送到远程服务器。代理过程的代码实际由 OSF 提供工具（包括接口定义语言 IDL）编译器生成，并连接到客户的应用程序中。服务器进程包含一个远程过程的类似版本，被称为占位模块（STUB）。其作用是提取输入参数并把它们传送给实际的远程过程，以本地方式调用该过程。输入参数和函数结果编排后又返给客户代理过程，代理过程提取返回值返给远程调用者。

DCE/RPC 是面向过程的一种方法，在应用过程中暴露出很大的局限性，例如异构环境下的应用互操作问题、系统管理问题、系统安全问题等。因此，以面向对象为主要特征的第二代分布计算技术开始孕育。

2. 面向对象的组件技术

第二代分布式计算技术诞生在 1995 年左右。面向对象思想和分布式计算技术的有机结合形成了分布式对象计算模型。OMG 针对面向过程分布式计算技术的缺点，提出了 OMA（Object Management Architecture）参考模型，采用了分布式对象技术，其核心技术为 ORB（Object Request Broker）。ORB 如同一条总线把分布式对象系统中的各类对象和应用连接成相互作用的整体。

分布式对象技术的本质就是在分布式异构环境下建立一个应用系统框架，在该框架的支撑下，各种软件功能被封装为易于管理和使用的分布式对象组件，并可进行组装。这些对象组件可以跨越不同的软件、硬件平台进行互操作。

随着开发和应用的不断深入，分布式组件技术暴露出以下缺陷：①要求通信两端有相同的基本结构，紧密耦合，一旦一方的执行机制发生变化，那么另一方就会崩溃；②客户端和服务器跨防火墙通信时，穿越防火墙困难；③开发程序费力费时，特别是 CORBA，此协议需要占用大量资源，且不易编程；④于 ActiveX/Dcom 技术，微软虽不断改进，但这些技术要求每个应用程序都非常了解其他的应用程序，因此当操作平台为异构型（例如 Windows 应用程序与 Linux 进行通信）时，应用程序交互性大受阻碍。为了解决上述的缺陷，分布式计算技术的发展进入了崭新的 XML/Web Service 阶段。

3. 面向服务的 Web Service

Internet 的历史和现实已迫使人们承认，不会存在一个"最优秀"的平台可以满足目前和未来的全部计算需求，异构将永远存在。在 Internet 上，任何分布式计算系统解决方案必须是跨平台的。Web Service 即是在这个背景下提出的一个有效的基于 Internet 的分布式计算体系结构，它使得应用程序、机器和企业业务过程按前所未有的方式集成在一起工作，真正做到跨网络、跨语言和跨平台。

（1）数据编码标准 XML

基于该标准编码的数据或文档能在所有的操作系统平台、应用系统中进行分析与处理。因此，XML 成为 Web Service 信息编码的事实标准。XML 是互联网时代的通用语言，它使应用程序之间对话发生了变化。

（2）数据通信协议 SOAP

长期以来我们使用 HTTP＋HTML 提供网页、交互内容；现在我们使用 XML＋HTTP，便得到了简单对象访问协议 SOAP。和 DCOM、CORBA 等不同的是，SOAP 协议可穿越任何防火墙，并且 SOAP 协议中包含着以 XML 编码的数据，易于分析和处理。SOAP 具有很好的伸缩性，能同时为非常多的用户服务。

（3）互联网上 Web Service 的发现与定位问题

Web Service 具备以下特点：计算节点的松散耦合；异构平台间跨防火墙通信；无语言相关性、无平台相关性、无对象相关性。因此它能很好地适用于 Internet 的 EAI 集成、B2B 集成、代码和数据复用以及通过防火墙进行客户端和服务器通信的场合。

（二）需要分布式计算的原因和分布式计算的优点

随着信息网络在世界范围内的高速普及，各种软件、硬件计算资源几乎都已接入 Internet，而各计算节点的系统环境可以存在较大差异。因此，使用传统客户机/服务器模式已不能满足计算要求，特别是分布式异构应用程序之间的互访受到了各种因素的制约。这种需求产生了分布式计算技术，并促使其不断发展。分布式计算技术正是为了适应网络，特别是互联网的发展而提出的。它不仅要解决客户与应用程序之间的调用问题，而且要解决应用程序之间协同工作等问题。其功能目标是：不同平台之间能够共享数据和处理能力，协同工作，形成有效的分布式计算能力。其技术目标是：跨网络、跨平台、跨语言。

分布式计算比起其他算法具有以下几个优点：

①通过分布式计算稀有资源可以共享。

②通过分布式计算可以在多台计算机上平衡计算负载。

③可以把程序放在最适合运行它的计算机上。

其中，共享稀有资源和平衡负载是计算机分布式计算的核心思想之一。

（三）分布式计算的工作原理

目前，一个分布式网络体系结构包括安装了超轻量软件的代理客户端系统，以及一台或者多台专用分布计算管理服务器。此外，还会不断有新的客户端申请加入分布式计算的行列。

当代理程序探测到客户端的 CPU 处于空闲时，就会通知管理服务器此客户端可以加入运算行列，然后就会请求发送应用程序包。客户端接收到服务器发送的应用程序包之后，就会在机器的空闲时间里运行该程序，并且将结果返回给管理服务器。应用程序会以屏保程序或者直接在后台运行的方式执行，不会影响用户的正常操作。当客户端需要运行本地应用程序的时候，CPU 的控制权会立即返回给本地用户，而分布式计算的应用程序也会中止运行。这些操作都是瞬间完成的，因为如果用户在操作时有任何的延迟都是无法接受的。

图书在版编目（CIP）数据

操作系统研究 / 李玉萍著 . —北京：中国农业出版社，2019.8

ISBN 978-7-109-25764-1

Ⅰ.①操…　Ⅱ.①李…　Ⅲ.①操作系统－基本知识　Ⅳ.①TP316

中国版本图书馆 CIP 数据核字（2019）第 158225 号

中国农业出版社出版

地址：北京市朝阳区麦子店街 18 号楼

邮编：100125

责任编辑：赵　刚　边　疆

版式设计：杜　然　　责任校对：沙凯霖

印刷：北京大汉方圆数字文化传媒有限公司

版次：2019 年 8 月第 1 版

印次：2019 年 8 月北京第 1 次印刷

发行：新华书店北京发行所

开本：720mm×960mm　1/16

印张：16.5

字数：240 千字

定价：45.00 元
